U0008169

讓體液流起來

「3つの体液」を流せば健康になる！
血液・リンパ液・脳脊髄液のしくみと流し方

促進腦脊髓液、淋巴液、血液循環，啟動自癒力，消除各種疼痛

片平悅子◎著 ｜ 連雪雅◎譯

前言

想要變得更年輕更有活力，祕訣就是改善體內水分的流動。

體內的水分稱為「**體液**」。

提到最具代表性的體液，通常會先想到「**血液**」和「**淋巴液**」。

其實，還有一個非常重要的體液——「**腦脊髓液**」。

改善這三種體液的循環，就會強化身體的自癒力，成為不易疲勞的健康身體。

這是因為，體液占了身體的六〇～七〇％。

對人類來說，「最重要」的東西是什麼？

是骨頭嗎？不是。

是內臟嗎？不是。

是肌肉嗎？不是。

為了讓骨頭發揮骨頭的作用，

讓內臟發揮內臟的作用，

讓肌肉發揮肌肉的作用，

必須有某樣東西傳送它們需要的物質，並帶走不需要的廢物。

那就是「體液」。

這件事，你知道嗎？

我們做得到已經知道的事，卻做不到不知道的事。

・「體液」是什麼？
・為什麼「體液」如此重要？
・怎麼做才能讓「體液」在良好狀態下生產、循環，以維持身體健康呢？

本書將針對這三點，依序進行說明。

只要知道三種「體液」的重要性，以及促進循環的方法，
你就能變得比以前更年輕、更健康。

那麼，趕緊翻閱本書，好好了解神祕的「**體液**」吧！

前言　3

第1章
了解「體液」，讓身體變健康！　15

身體的七成是「水分」　16
「健康」的定義　21
營養與解毒皆來自「循環」　25
了解「體液」讓你變健康　30
既熟悉又陌生的體液——淋巴液　32
「腦脊髓液」是什麼？　39

「血液」——自以為了解的陷阱　43
進行小腿肚運動以促進體液循環！　46
改善循環，矯正歪斜的「微動體操」　49

第2章　人體是透過「體液」相互連結　51

身體宛如「水球」　52
在身體裡循環的東西是什麼？　54
「揉」肩膀大錯特錯？　56
腰痛的原因是體液「淤積」　62

骨盆歪斜會阻礙循環　66
調整體液循環，矯正歪斜的骨盆　72
無法深呼吸是因為肋骨和體液循環出問題　74
肩膀動不了是因為肩關節和體液循環受阻　77
腳踝僵硬是因為體內瘀血　83
小腿肚僵硬，血液無法回流至心臟　87
改善體液循環也能矯正駝背和O型腿　91
身體真的很想變健康！　92
體液循環也能強化骨骼和黏膜　97

第3章

快速疏通體內「淤積」的運動 99

為何無法消除疼痛和痠痛？ 100
不是治癒，而是「主動痊癒」 103
淋巴液順暢流動的三個重點！ 105
透過放鬆髖關節的伸展操疏通淋巴液 110
同時伸展腋下與鎖骨疏通淋巴液 113
淋巴按摩的最終階段！ 114
腦脊髓液的循環與生產為什麼很重要？ 119
增加腦脊髓液生產與循環的機制 122
使用骶骨就能簡單完成腦脊髓液的保養 125

腦脊髓液順暢流動，淋巴液和血液的循環也會變正常 131
靜脈的幫浦（＝小腿肚）的保養 132
促進血液循環的三種腳部按摩 134
利用小腿肚的運動讓各種體液順暢流動 137
調整骨骼，找回淋巴液順暢流動的環境 139
改善體液循環體操，消除身體的歪斜 141
橫隔膜的祕密 142
改善體液循環的深呼吸方法 143

第4章

只要這麼做，體液循環會「更流暢」 149

體液循環變好，身體自然變健康 150
讓身體「健康終老」的三個步驟 153
身體是由食物構成的 163
促進吸收的咀嚼方式 166
比按摩更有效的「捏提」 170
身體是為了「活動」而構成 174
「斷斷續續的運動」對身體是莫大負擔！ 175
不讓骨骼歪斜的生活方式 180
讓肌肉變成好幫手的方法 181

第5章 讓身體不再淤積的保養 185

滿是錯誤的「健康」觀念 186
臨時起意的運動對身體反而是極大負擔 188
力道強烈的按摩會讓身體變得更僵硬 191
疼痛消失＝痊癒的危險錯覺 193
後記 195

第 1 章

了解「體液」，讓身體變健康！

身體的七成是「水分」

小黃瓜的含水量是九五％、番茄是九四％、萵苣是九六％。這些是各個蔬菜所含的水分比例，由此可知蔬菜含有豐富的水分。聽到「水分飽滿的蔬菜」，就會聯想到新鮮美味。

那麼，人體有多少水分呢？

根據三得利（SUNTORY）官網「水大事典」的記述：「人體幾乎是由水分構成。儘管有性別、年齡的差異，但胎兒體內的水分約占體重的九〇％、新生兒約七五％、兒童約七〇％、成人約六〇～六五％、老人則是五〇～五五％」。

沒想到人體內竟然有這麼多水啊！

這就像是**骨骼、肌肉、內臟、大腦在水球裡飄浮**的感覺。

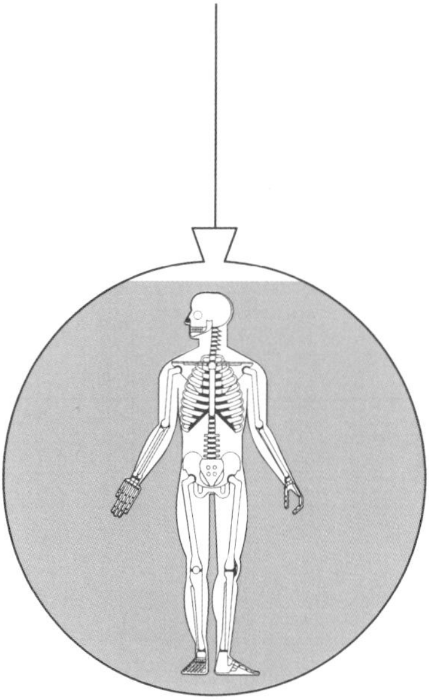

這麼說來，想必各位應該都聽過地球上陸地與大海的比例是三比七。

身體好比我們的「家」，骨骼（基台和柱子）支撐著肌肉和肌腱、韌帶

（牆壁和斜柱）活動，當中有重要的內臟（金庫）。

身體一般給人結實的印象，因為骨頭很堅硬。

可是，如果身體中約有七成是水分，應該就會像是魚在水球裡游泳。

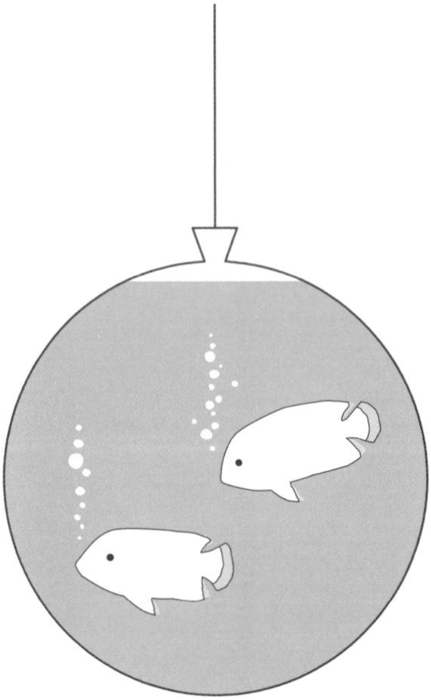

嬰兒的臉頰像水球表面，用手指一戳就會回彈，這樣舉例或許讀者會比較容易理解。

身體的水分會持續替換。

以一天的平均排尿量來說，男性是一五〇〇毫升，女性是一二〇〇毫升。加上我們還會流汗、排便，加起來差不多是二〇〇〇毫升，倘若每天喝兩公升的水，基本上就能維持體內的水分。

常聽說睡覺時會流汗，所以睡前請記得補充水分。

若以成人體重的六〇%是水分來計算體內的水量，

體重七十公斤的男性為七十公斤×六〇%＝約四二公升

體重五十公斤的女性為五十公斤×六〇%＝約三〇公升

我們的身體就像裝著十五～二十四瓶兩公升的水。

不過，人體內有各種「水」。

一般所知的人體水分是**血液**、**淋巴液**、唾液、淚水、鼻水……等，這些統稱為「體液」。

體液意即「體內的液體」。

但其實還有一種非常重要的體液卻很少人知道。

那就是「**腦脊髓液**」。

這個體液主要用來保護大腦和脊髓，後文將有詳細說明。

總結

人體約有七〇%是稱為「體液」的水。

「健康」的定義

假如身體是水球……。
肩頸痠痛或腰痛時會變成怎樣呢？
骨盆歪斜、駝背是指「水球變形了」嗎？
本書將「健康的身體」做了如下的定義：

新鮮且充足的水分在體內循環順暢，
形狀漂亮的水球

水分飽滿的水球是嬰兒。

水分減少、鬆弛有皺紋的水球是老年人。

要讓身體成為「健康的水球」，必須具備兩個條件。

①確保充足的體液（避免產生皺紋）。

②確保充足的體液流動順暢（避免體液腐壞）。

如前所述，①的「確保充足的體液」只要確實補足流失的水分即可。

那麼，②的「確保充足的體液流動順暢」該怎麼做呢？

人體這個水球裡有許多細微的「血管」和「淋巴管」，體液便是在這些管子內循環。

我們可以試著將體液的流動想像成是水渠。

1、打掃得很乾淨，水流順暢的狀態＝「健康」

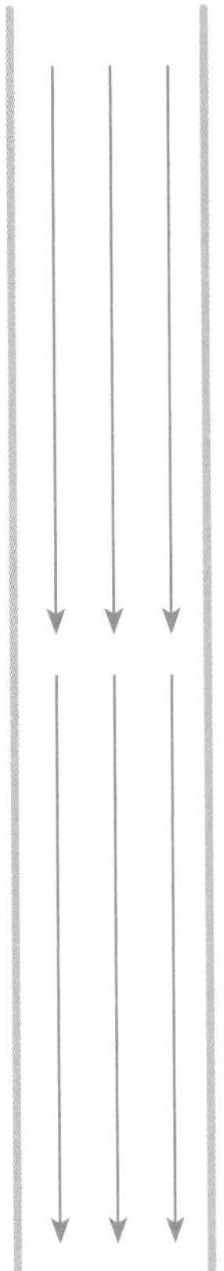

身體在這種狀態下會充滿活力，不會感到疲累。而且只要睡覺就能消除疲勞，起床後也馬上就能活動。

2、水渠堵塞，水流受阻的狀態＝「疲勞」

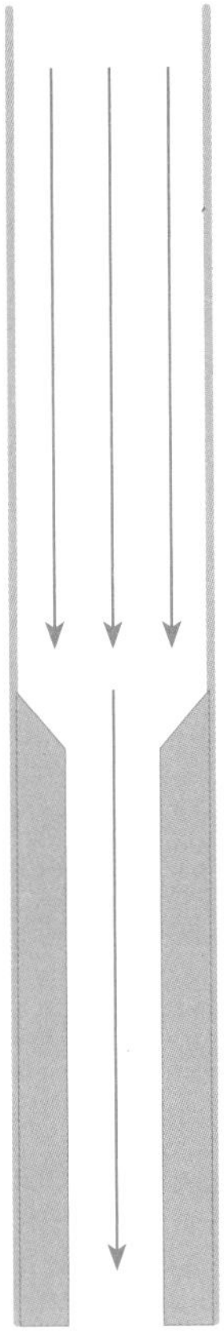

身體在這種狀態下容易疲累，疲勞難消。

3、水渠的水變成淤泥的狀態＝「痠痛：肩頸痠痛、腰痛等」

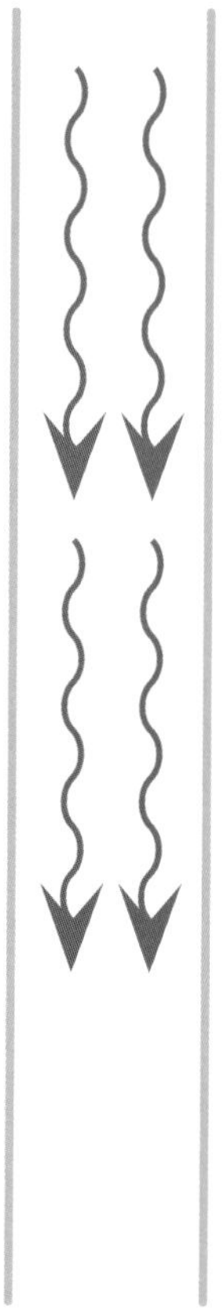

身體在這種狀態下會經常感到沉重，而且膝窩或腋下似乎有硬塊。

4、淤泥結塊，堵住水流的狀態＝「身體沉重、疼痛、難受」

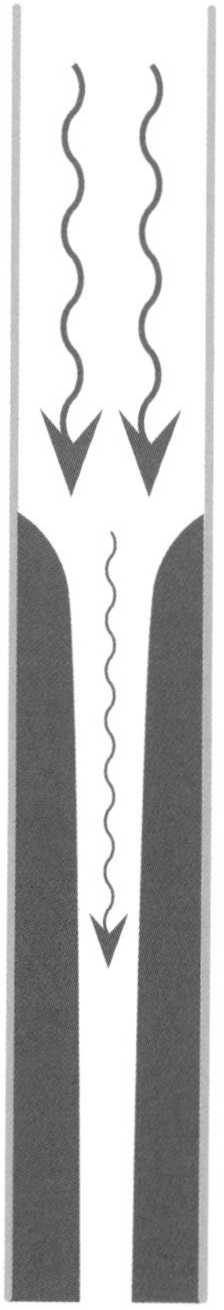

身體在這種狀態下會有夜間疼痛、閃到腰、五十肩等，或是經常性疼痛或麻痺的情況。

透過這樣的比喻，想必各位都能理解健康水球的兩個條件。

第一，確保充足的體液（避免產生皺紋）。

第二，確保充足的體液流動順暢（避免產生疼痛）。

總結

身體健康的時候，體內有充足的水分順暢循環。

營養與解毒皆來自「循環」

人體吸收營養，排除老廢物質，進行生命活動。

簡單來說，就是「每天吃進各種食物，排尿排便過日子」。
若能「暢食！暢眠！暢便！（在身心舒暢的狀態下進食、熟睡及順暢排便）」那就太好了。
……說到糞便可能會覺得有點髒，但「暢便」二字卻令人感到莫名舒爽。

不過，即使人體需要水分，只喝水又會變成「皮包骨」。
比起單純的水分，攝取「活水」更重要。

攝取活水是什麼意思呢？
那就是食物。還記得本章開頭的第一句話嗎？
「小黃瓜的含水量是九五％、番茄是九四％、萵苣是九六％」……。
蔬菜中的水分是讓蔬菜得以生存的水，當中有豐富的養分。所以我們要心存感恩盡可能吃光。不削皮直接吃是最好的，蔬果的皮有抗老化的作用。

蘋果和梨子也不必削皮，削了皮就會氧化變成褐色，甚至腐敗。氧化後褐變，進而腐敗就是「老化」。

各位可以將褐變想成是「生鏽」。

因此，推薦大家直接吃蔬果。但，因為有使用農藥，務必要清洗乾淨。

經口攝取的食物會經歷食道↓胃↓小腸↓大腸的過程被消化吸收。然後從肛門將剩餘的殘渣排出體外。

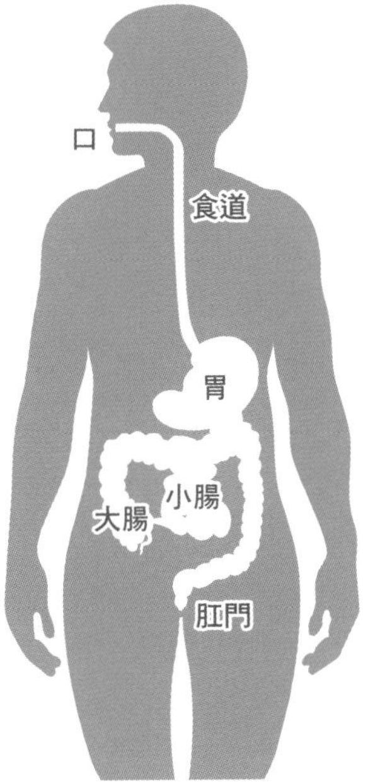

吃下肚的食物在胃裡被攪碎，混合強烈的胃酸，通過小腸和大腸時，被吸收的養分就被運往身體的細胞。

身體的細胞獲取養分後變得活絡，讓身體得以發揮正常功能。

據說，人體全身有六十兆個細胞，數量相當驚人。

養分被運往細胞的同時，細胞也會送出不要的東西和老廢物質。細胞的內外進行著「以物易物」。

最後，老廢物質隨著汗水或尿液、糞便排出體外，而這種**「以物易物」的任務正是由體液**負責。

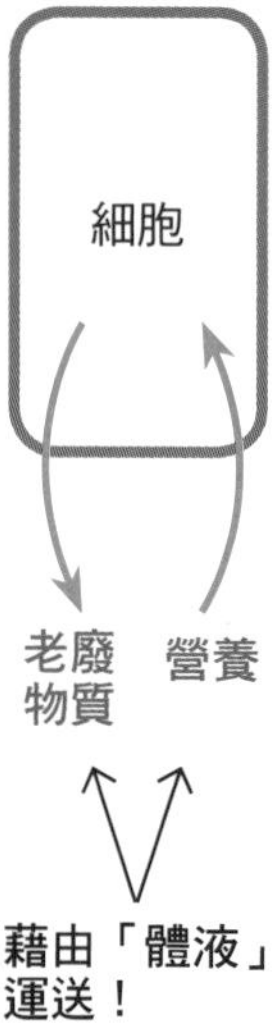

假如細胞未吸收養分，就無法有效發揮作用，例如肌肉細胞沒有活力，就出不了力，甚至會發生肌肉痙攣的情況。

另一方面，若老廢物質排不出體外，可能會造成無法排尿或便祕的嚴重情況。

無論是尿液、糞便、屁、噯氣或痰排不出來都是件嚴重的事。各位看到吐在路上的口水會覺得不乾淨吧。說來奇怪，在體內的時候不覺得骯髒，一旦排出體外就變成髒東西。將沒用處、不需要的東西排出體外是天經地義的事。下次見到尿液或糞便時，記得說聲謝謝！不過，廁所之神替我們收拾了這些令人感恩的臭傢伙，它才是最偉大的。

多虧有體液，我們才能排出體內的老廢物質，從攝取的食物吸收養分，過得健康有活力！

總結

食物會變成尿液和糞便皆歸功於體液，好好感謝它吧！

了解「體液」讓你變健康

各位讀到這裡，應該多少明白了體液的重要性，多虧有體液，我們才能活下去。

接下來，進一步詳細說明關於體液的事。

體液意即「體內液體的總稱」。

鼻水或口水等也是體液，但本書主要是介紹「**血液**」「**淋巴液**」，以及保護大腦與脊髓卻鮮為人知的「**腦脊髓液**」，同時說明這三種體液的調整方法。

體液在體內順暢流動，充分發揮作用，身體就會很健康。體液占身體比例六〇%以上，流遍全身時，會將養分（和氧氣）運往身體各角落，把老廢物質（和二氧化碳）排出體外。

像這樣在體內循環的功能統稱為**循環系統**。

人體透過體液從**消化系統**（口～肛門）獲取養分，經由**呼吸系統**（鼻～肺）、**排泄系統**（**腎臟**～尿道）進行交換。因此，體液必須在體內正常流動。為了保持體液循環順暢，體內有讓體液流動的管狀構造，以及宛如**幫浦**般促成流動的器官。總共有三個被稱為循環系統。

第一個循環系統是「血管系統」。

血液通道的**血管**，加上讓血液循環的**心臟**等統稱為血管系統。

血液藉由心臟的收縮，透過**動脈**送往全身。到達微血管後，將養分、氧氣等交給細胞，再經由**靜脈**回到心臟。

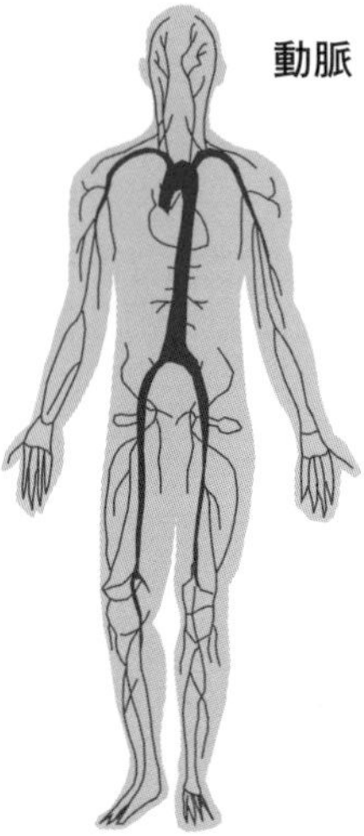

動脈

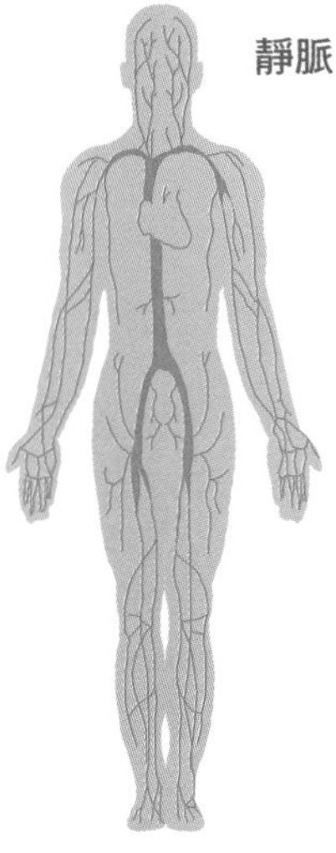

靜脈

既熟悉又陌生的體液——淋巴液

第二個循環系統是淋巴系統。有別於血管系統，因為有淋巴管和淋巴結，所以淋巴系統算是獨立的循環系統。通過淋巴管的體液稱為淋巴液。

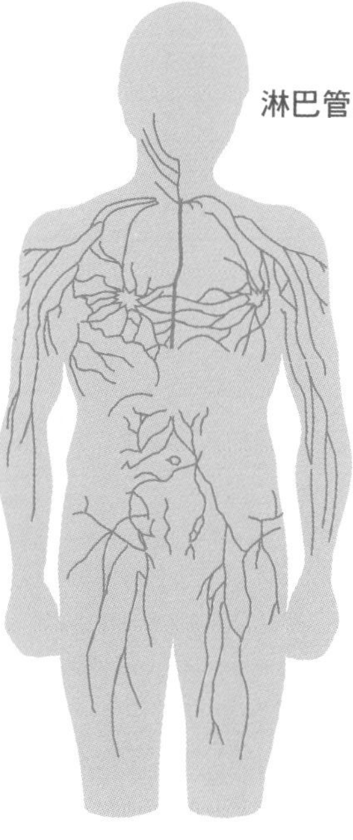

被蚊蟲叮咬後，用手去抓發癢部位，起初會滲血，之後則是流出無色透明的液體，那就是淋巴液。

從心臟送出的血液到達微血管時，薄薄的微血管管壁會過濾擠出血漿成分，不斷在微血管外（細胞間）擴散。這些被擠出的血漿成分稱為組織液。人體內的每個細胞就是浸泡在那些組織液之中。

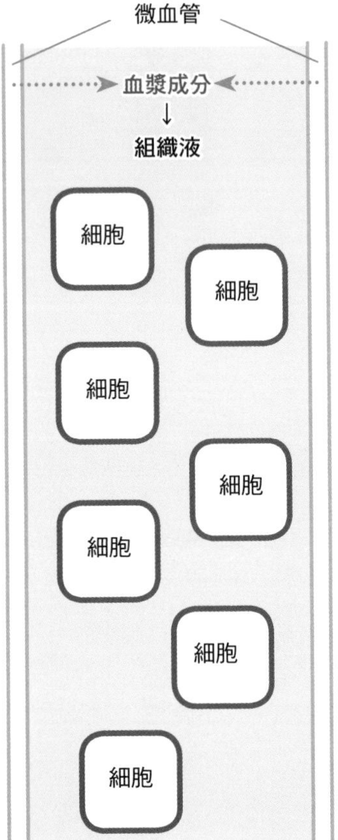

除了運送氧氣和養分，組織液也會接收細胞代謝產生的二氧化碳與老廢物質。當中約九〇％會流回微血管，剩下的十％、約兩公升的組織液會被微淋管吸走。微淋管的口徑大，細菌之類的病原體也能輕易通過。因此，微淋管成為有害物質的專屬通道。

通過微淋管（最小的淋巴管）進入淋巴系統的組織液就是「淋巴液」。淋巴液會從微淋管流入更粗的淋巴管，過程中，透過「淋巴結」的過濾，破壞或中和有害物質。

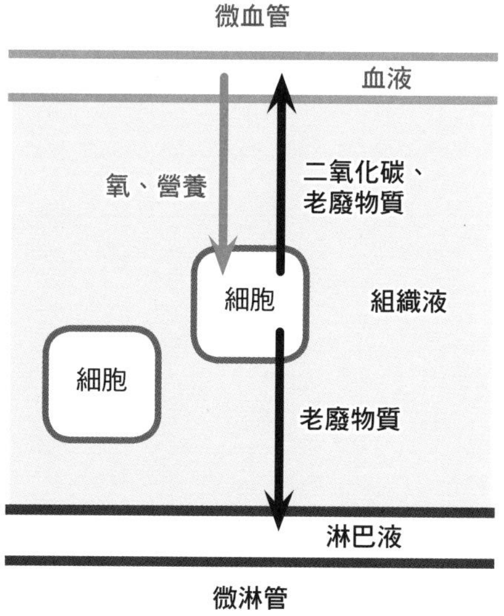

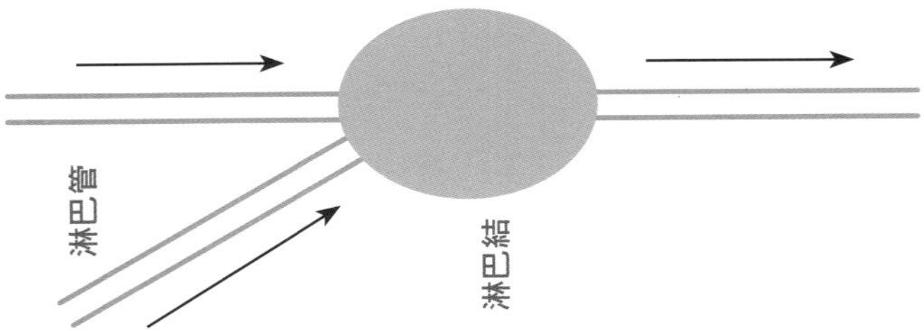

假如淋巴液循環不暢會發生什麼事？

沒有運送完的老廢物質會囤積，變得像是堵住的排水溝。

當體內積水越來越髒，這種狀態就稱為**惡病質（cachexia）**。同樣地，老廢物質囤積在淋巴液裡，養分就無法送達細胞，細胞因為營養失調使身體感到痛苦，老廢物質也會變成毒素。據說，癌症患者的死因，有五成以上是惡病質造成細胞營養失調所致。

反之，**若給予細胞足夠的養分，適當清除老廢物質，細胞就會充滿活力。**

淋巴液的主要任務是運送老廢物質。雖然回收、運送老廢物質（＝體內垃圾）的功能和通過靜脈的血液相同，但其中有個很大的差異，那就是垃圾的大小。

淋巴管負責運送血管回收不了的大型垃圾。此外，淋巴管中的淋巴結會過濾身體有害的細菌或病毒等物質，不讓有害物質侵入身體。

感冒喉嚨痛時，下巴後方或頸部的淋巴結會腫脹，摸起來像是有疙瘩。這些看得到、摸得到的異狀就是淋巴液在淋巴結內對抗病毒所呈現的狀態。

人體內有八百多個淋巴結，當中，在鎖骨上窩（鎖骨上凹陷處）、腋下、大腿根部、膝窩處的淋巴結較大。

身體健康的人，淋巴液運送的有害物質在淋巴結就會被輕易清除分解。

問題是，**淋巴液不像血液一樣有心臟這樣的「幫浦」**。

因為沒有幫浦，淋巴液只能緩慢地流往固定方向。

但是透過活動或按摩身體、深呼吸都能有效促進淋巴液的流動。

通過淋巴結的淋巴液最後會匯集在兩個「淋巴幹（Lymph trunk）」。

右上半身的淋巴液是匯集在全長一～三公分的「右淋巴幹」，左上半身和下半身的淋巴液則匯集在全長三五～四十公分的「胸管」。

只要讓淋巴液順暢流入淋巴幹中，就能夠發揮相當於血管系統的心臟幫浦功能。

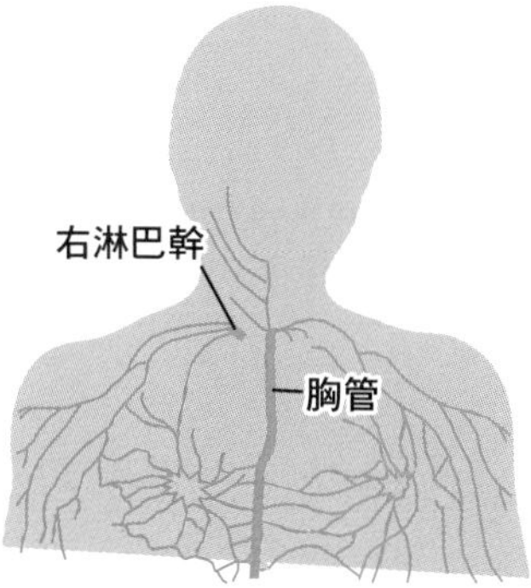

另外，淨化淋巴液最有效的方法是「深呼吸」。本書也將在後文介紹深呼吸的方法。

「腦脊髓液」是什麼？

第三個循環系統是「腦脊髓液系統」。

不過，大部分的人可能都是第一次聽到「腦脊髓液」這個名詞。**腦脊髓液這種液體存在於顱骨和脊柱（＝脊椎骨）之中，主在保護大腦和脊髓。**

腦脊髓液屬弱鹼性，和淋巴液一樣無色透明，含有微量的細胞（白血球）、蛋白質、葡萄糖，但濃度很低。細胞約五個／mm^3以下，蛋白質為十五～四五mg／dl，是血漿中蛋白質濃度的二百分之一。葡萄糖為五〇～八〇mg／dl，約是血糖的三分之二，剩下的幾乎都是水。

人體一天可製造五〇〇毫升左右的腦脊髓液在腦中循環。腦脊髓液存放處的容積約是一二〇～一五〇毫升，所以**一天要更換三～四次**。

為了保護大腦和脊髓不受到外界刺激，腦脊髓液經常在腦內循環，保護大腦並提供養分。

因此，繼血液、淋巴液之後被稱為**第三循環**。

說起腦脊髓液的工作，若將大腦想成「盒裝豆腐」，或許比較容易理解。就算不小心把豆腐盒子丟到牆上，因為裡面有水，豆腐也不會馬上撞爛。同樣地，當我們跌倒，頭部受到猛力撞擊，儘管顱骨受到強烈衝擊，裡面柔軟的大腦並不會變形，那正是「腦脊髓液」發揮了緩衝作用。所以它是非常重要的體液。

腦脊髓液是由頭部的「腦室」製造，透過專屬管道流往靜脈或混入淋巴液，被血管系統或淋巴系統吸收。

各位有聽過「腦積水（水腦症）」嗎？這是腦脊髓液因為某種理由循環變差，積留在腦內，當腦脊髓液承受高壓，就會壓迫到大腦的各個部分，引發頭痛、嘔吐、痙攣、精神症狀等各種症狀。

另外，也許有人在電視上看過，有些人出車禍導致腦脊髓液外漏，結果留下了嚴重的後遺症。

腦脊髓液雖鮮為人知，卻是非常重要的「第三循環」。**腦脊髓液稍微多一點或少一點都會出大事。**

- **一直覺得疲勞**
- **全身無力**
- **提不起勁**
- **總是懶洋洋**
- **身體沉重**

這些情況通常是和腦脊髓液的生產與循環不順有關。

不過請各位放心，只要進行後文介紹的**微動體操**（請參閱第一二六頁）與

深呼吸（請參閱第一四四頁），腦脊髓液就會正常運作。

總結

「三種體液」——血液、淋巴液、腦脊髓液——的循環很重要！

「血液」——自以為了解的陷阱

接下來想和各為聊聊「血液」。

相信大家都知道血液，也對血液有一定的了解。但血液卻有很多鮮為人知的事。

不同於腦脊髓液，很少人不知道「血液」。可是，如果平常沒有流血，我們就不會意識到血液的存在，更別說去感謝它。

血液是動物的主要體液，負責運送養分和氧氣至全身的細胞，也會從細胞運出二氧化碳與老廢物質。

人體的血液量約占體重的十三分之一（男性約八％、女性約七％）。假如有人的體重是七十公斤，當中約有五公斤是血液。

血液中約四五％是紅血球、白血球、血小板等有形成分，剩下的是無形成分〔白蛋白（Albumin）、球蛋白（Globulin）、膽固醇、血紅素等〕的血漿。血漿中約九〇％是水，當中含有蛋白質、醣類、脂質、電解質、無機質、酵素、維生素、荷爾蒙等。

血液在兒童時期是由全身的骨髓製造，隨著發育成長，軀幹之外的骨髓便會失去造血能力。成人的血液是由胸骨、肋骨、脊椎、骨盆等製造。特別是構成骨盆的髂骨有許多造血細胞，**有一半以上的血液都是由髂骨製造**。

血液的主要功能如下：

・免疫功能

・運送氧氣、二氧化碳

・運送荷爾蒙（全身的資訊傳導）

・糖（葡萄糖）、脂質、胺基酸、蛋白質等能量來源

・調節體溫（運送體溫）

・將組織製造的代謝產物送往肺、腎臟等排泄系統

・調節體液的浸透壓、Ph值等

血液肩負各項重要任務，無關乎我們的意識，平時由**心臟**自動送出，所以我們不會去留意到它的「循環」。

可是，有件事必須注意。

從心臟送出血液的血管＝動脈，心臟會發揮幫浦的作用，

讓血液流回心臟的血管＝靜脈，沒有幫浦的協助。

因此，當血液無法順利「流回」心臟，就會出現水腫等症狀。

讓「血液流回」心臟的幫浦，正是小腿肚的肌肉。

此外，小腿肚的肌肉幾乎和腳底相連，所以腳底肌肉的運動也很重要。

血液循環的重點在於，**如何有效運用小腿肚和腳底**。

總結

動脈有心臟作為幫浦，靜脈卻沒有！

進行小腿肚運動以促進體液循環！

只要活動小腿肚的肌肉，靜脈的血液就會流回心臟。

所以，**小腿肚和腳底被稱為「第二心臟」**。

肌肉收縮時，夾在肌肉內層的靜脈就像是被踩到的水管受到壓力，會順勢將血液推回心臟。

違抗重力往上流的體液，一旦失去壓力就會逆流。

為了防止逆流，靜脈內有「瓣膜」。瓣膜會阻擋逆流的血液，呈現「全力」攔截的狀態。

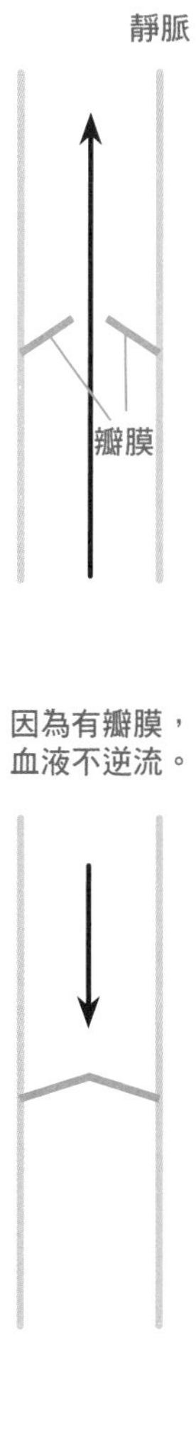

長時間坐著不動，小腿肚缺乏活動，對瓣膜會造成莫大負擔。

若有大量血液囤積在瓣膜，血液就會讓血管壁擴張，導致皮下形成深黑色的瘤狀物，這就是**靜脈曲張**。

血管被撐大後，血管壁周圍的神經受到刺激，因而產生疼痛。

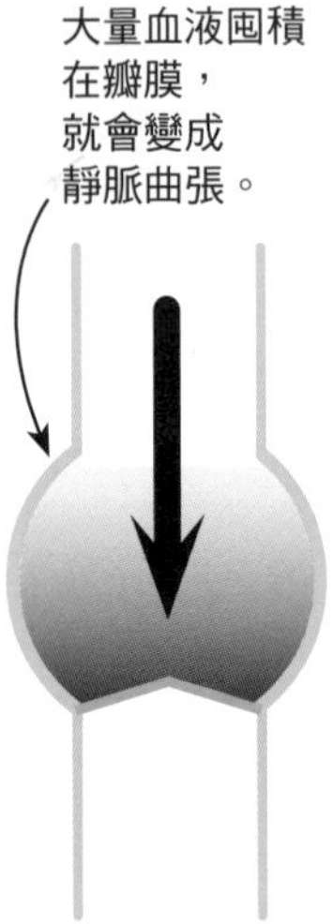

容易長時間保持相同姿勢不動的人，請提醒自己常常起身走動，或是稍微按摩小腿肚、甩甩手腳。

另外，淋巴液同樣沒有幫浦協助，所以透過小腿肚運動也能有效促進循環。

小腿肚離身體中樞較遠，循環系統能夠順暢運作，全仰賴這個幕後功臣。

關於活動小腿肚的具體方法，後文將會詳細介紹。

總結

要促進體液流動，讓身體變健康，「小腿肚」超重要！

改善循環，矯正歪斜的「微動體操」

本書介紹的**「微動體操」**（請參閱第一一六頁）與**「深呼吸」**（請參閱第一四四頁）不但非常簡單，還能促進腦脊髓液的循環。

改善腦脊髓液的循環，也能促進血液與淋巴液的循環。

也就是說，**「三個循環系統」可以一併受到刺激，獲得改善**。

腦脊髓液的循環是體液循環的「幕後首領」，所以，只要改善腦脊髓液的循環，一直以來滯積的淋巴液或血液的循環也會變好，進而就能消除身體的

「歪斜」。

藉由簡單的**微動體操與深呼吸，可以促進體液循環，同時消除身體的歪斜！**真可說是有著一石二鳥的優點。

為何體液循環變好可以改善身體的「歪斜」呢？

請各位回想本章最初說明體液流動的例子。清除「排水溝的堵塞」後，體液就會恢復順暢乾淨的狀態。這麼一來，原本因為身體歪斜而造成各處痠痛的情況，不知不覺就會恢復正常。

不過，身體狀態會影響改善速度，所以請務必養成做「微動體操」和「深呼吸」的習慣，要持之以恆地做下去。

總結

體液循環變好，就能矯正身體的歪斜！

第 2 章

人體是透過「體液」相互連結

身體宛如「水球」

如前所述，體液占成人身體的六〇%以上。

這就像是「水在身體裡搖來晃去的模樣」。

這麼多水不裝進袋子裡，恐怕會灑出來。

體液畢竟是「液體」，需要有一層「膜」包覆，而那層膜就是皮膚。

人體宛如是用皮膚做成的「水球」。

在大水球各處還有名為「〇〇腔」的小水球。例如**顱腔**內有被硬膜包覆的腦脊髓液和大腦；**胸腔**裡有肺；**腹腔**裡有內臟。

身體是被皮膚包覆的大水球，裡頭還裝著數個小水球。為了確實發揮功能、維持生命活動，骨骼和肌肉都被包覆在那些小水球之中。

那麼，人體究竟是什麼呢？

可以說是，「在被皮膚包覆著的水中，人類生存所需的要素有秩序地飄浮於其中的狀態」。

因此，當感到身體某處僵硬痠痛、疼痛、難受，不能只關注疼痛部位。**改善水球的整體平衡才是重點。**

總結

不能只關注不舒服的部位，保持身體這個水球的整體平衡更重要。

在身體裡循環的東西是什麼？

讀到這裡，各位應該都知道答案了吧。

沒錯，就是「水」。水可以維持生命活動，而那些水就統稱為「**體液**」。

具代表性的體液是**血液**、**淋巴液**、**腦脊髓液**。因這三種體液協調運作，才使生命活動能順利進行。

以往總說為了促進體液循環必須運動。

但近年來，就算不運動，只要讓**「腦脊髓液」的生產、循環保持良好狀態，整個體液循環就會出現驚人的好轉**。

我自己曾有嚴重的頭痛，幾乎天天為頭痛所苦。尤其是更年期時更是嚴重。早上醒來如果頭痛，當下就得吃藥或繼續睡，越到傍晚就越痛，就像腦子裡鐘聲大作。但因為要工作，我只好選擇吃止痛藥。吃到最後變得痲痺，無法察覺身體的變化。有段時期，我因為全身發癢睡不著，接受醫生的診斷後才知道，自己罹患了重度貧血。

那樣的我做了三個月的**微動體操**（請參閱第一二六頁）後便不再頭痛。假如各位為了工作而勉強硬撐，推薦大家在晚上睡覺時**做做微動體操**。

由此可知，我的頭痛是體液循環障礙所致。

大家覺得身體不舒服時，可以試著從改善體液循環著手，**讓身體變成沒有歪斜的水球狀態**。

頭痛的時候，就算有人說「去運動吧！這樣體液循環會變好」，但每跨出一步都痛到不行，根本做不到。

不過，**做微動體操只要靜靜待在原地就會改善體液循環**，而且馬上就能做！若你覺得身體有哪裡不舒服，請務必試一試後文介紹的微動體操與深呼吸。

總結

即使身體難受到動不了，還是做得到簡單的微動體操和深呼吸！

「揉」肩膀大錯特錯？

只要持續做微動體操與深呼吸，體液循環就會變好，但我經常被問到以下的問題：

「幫人按摩時，有沒有什麼訣竅？」所以接下來，我想和各位談談按摩的重點。

覺得肩頸痠痛就按「上臂後方」！

不痠痛時，被按摩會感到舒服。相反地，肩頸很痠痛時，就算當下被按得很舒服，回到家後還是會覺得「頭悶悶的」或「不舒服」。

按摩痠痛的肩膀就像在攪動淤泥。

不過，被攪開的淤泥應該引流至人孔蓋。若沒做好這個步驟，無處可去的淤泥在過了一段時間後又會沉積在原處。淤泥就相當於體內的老廢物質。

這就是為什麼被按摩完肩頸卻感到不舒服，狀況反而變差。

即使是受過訓練的按摩師也會造成這種情況，一般人**更要留意**，不要只是揉按，還要**「引流」老廢物質**。

一般按摩時，通常會請對方坐在椅子上。

坐在椅子上時，身體難免會變得緊繃、姿勢僵硬，也會無意識地做好覺得痛就閃躲的準備。

因此，為對方按摩時，**躺著進行的效果會更好**，對方比較容易放鬆。

不過，躺著被按摩的人很放鬆，按摩的人卻不好施力。所以，本書要介紹的方法不是用手，而是**用腳踩踏***。

這個方法對消除肩頸痠痛相當有效。**作法完全不會碰到肩頸，只要站著用腳踩踏**，可以邊看電視或聊天，輕鬆愉外地進行。

*編註：此為作者意見，踩踏按摩須受過專業訓練及在專業場地才能施行。若有疑慮，建議仍用雙手按摩即可。

揉按腋下至手肘這一段，能夠引流滯積的血液或淋巴液。以下就為各位說明一下這個簡單的方法。

診斷重點⬇肱三頭肌。這個肌肉位於上臂後方。

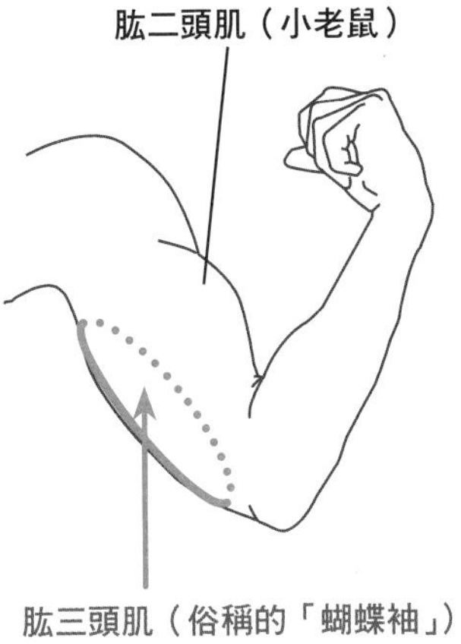

這個部位起初不會痛，或許有些人會想「真的要踩這裡嗎？」可是，踩了兩～三分鐘後，會發現手臂中央出現一條「硬得像鉛筆的硬筋」，這條筋就是

肱三頭肌。

肱三頭肌會和俗稱「小老鼠」的肌肉互相抗衡。

說到「肌肉」，通常會聯想到手臂擠出的小老鼠，像是體操選手的手臂就有很大塊的小老鼠。擠出小老鼠的肌肉就是肱二頭肌。

其實，暗地裡操控肱二頭肌的是肱三頭肌。

如果只有小老鼠（肱二頭肌）這塊肌肉，突然出力時，拳頭的方向會不好控制。為了避免發生那種情況，肱三頭肌會巧妙地控制小老鼠的收縮程度。

因此，使用手臂做事時，肱三頭肌也一直在努力工作著。由於它總是擔任協調員的角色，不顯眼也不受到關注，所以經常被置之不理。

要是長時間置之不理，就很難不變僵硬。

它就好比在人前風光的父親背後默默支持的母親。

使用雙手做事時，肱三頭肌會持續輕微地出力。肌肉在長時間的輕微刺激下會變得疲累，這就是肌肉僵硬。

要具體指出這塊肌肉在哪裡，那就是藏在女性的**「蝴蝶袖」**這個部分（俗稱「小老鼠」的另一側↓請參閱第五十九的插圖）。這裡囤積脂肪或橘皮組織時，會使血液循環變差，淋巴液的流動變得不順暢。

如果有與家人同住，請定期用腳底互相按摩。

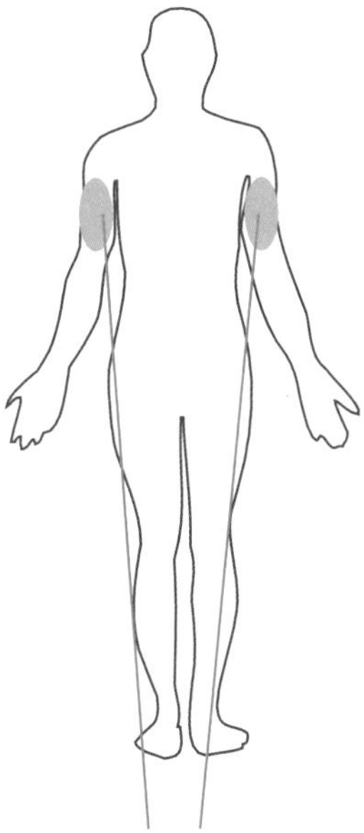
從背後看到
的狀態
讓對方趴著躺好，
用腳底踩踏
（按摩）此處！

以**「一隻手臂十分鐘」**為基準。

起初可能會痛到忍不住起身，等到疼痛感減輕就可以結束。

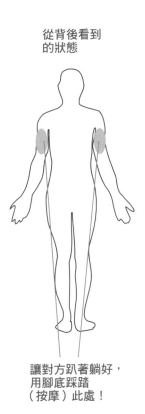

腰痛的原因是體液「淤積」

腰痛或閃到腰時，不可以只關注疼痛這件事。
那表示身體的「體液循環淤積」。
究竟哪裡的體液淤積容易造成腰痛呢？
那就是**大腿根部**。

腰痛或閃到腰導致腰部沉重、無力時，一定有某個肌群變得僵硬，而且硬到不行。

腰痛時總想趕快處理「腰」的疼痛。
但重點其實在別處，那就是**腿部的內收肌群**。

老廢物質在體內各處淤積，讓體液流動不順。這種狀態會讓身體感到「沉重、無力」。若長期忽視這個問題，淤泥會越積越多，產生鈍痛。這通常是腰痛最初的原因。

只要改善體液循環，採取不會讓體液淤積的姿勢，就能改善腰痛。

不過，體液循環為何會變差呢？

以前的人多半從事農業或漁業等「第一級產業」，因為經常勞動身體，即使沒有特別留意，體液循環依然順暢。

那麼，現代人又是如何呢？隨著環境變化，現代人變得很少勞動身體。所以腰痛的主因不是運動傷害，而是體液循環障礙。許多人沒注意到這件事，因而導致慢性腰痛。

大腿根部**腹股溝淋巴結**的淋巴液循環變差才是造成腰痛主因，就是前文提到的大腿內側的內收肌群。

診斷重點⬇股骨內收肌群。這個肌肉是大腿內側的肌群。當這個肌肉變僵硬，基本上會出現腰部沉重或生理痛。閃到腰的時候，也會硬得像是有硬塊。

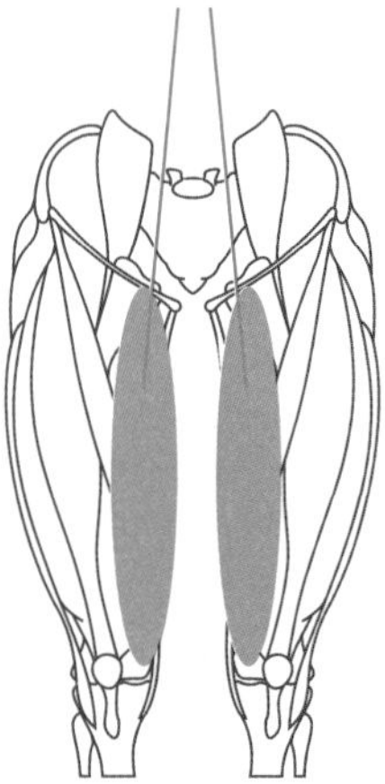

肌力隨著年紀增長衰退，
骨盆底肌因而變弱。

**從事文書工作的人，
別讓肌肉變得太僵硬！**

**年長者請留意別讓肌肉
變得「鬆弛」無力！**

這時候，請家人**用腳踩踏**股骨內收肌群，會有很好的效果。被按摩者先側躺，按摩者可用腳掌慢慢從正面踩至大腿內側。**訣竅是從正面踩踏**。這麼一來，因姿勢不良而扭轉的內收肌群就會恢復到原位。

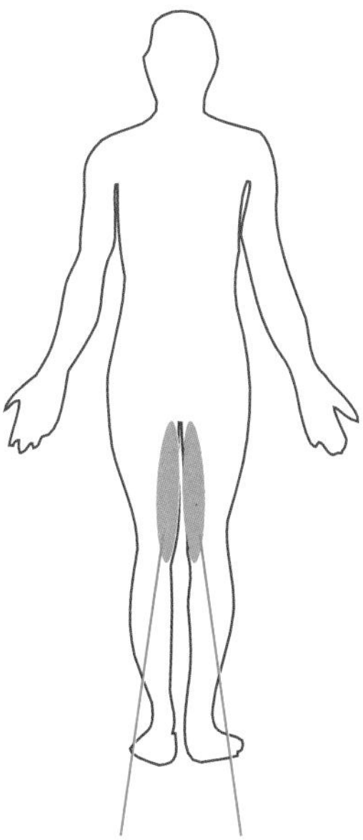
從正面看到
的狀態
讓對方側躺，
用腳底踩踏
（按摩）此處！

內收肌群是很少用到的肌肉，尤其姿勢不良、駝背，或總是雙腿大開的人幾乎沒在使用。另外，**年紀越大也越不會使用**。

自己到底有沒有使用這個肌肉，試著「單腳站立」確認能否保持平衡便可知道。如果站不穩失去平衡，這就表示你沒有正常使用這個肌肉。

不過，多數人通常會去注意有橘皮組織（皮下脂肪）的外側肌肉，其實**內收肌群才是讓你保持正確姿勢、雙腿年輕的重要肌肉**。

通過膝窩至下腹部的血管和淋巴管、神經等都是由這個內收肌群保護。

好好放鬆這個內收肌群，骨盆周圍的血液和淋巴液循環就會變好，使腰痛驟然減輕。

前文提到的體液循環障礙造成的腰痛也能藉此改善。

腰部沉重、怎麼睡還是好累、久坐吃力的人請務必試一試。

骨盆歪斜會阻礙循環

各位認為「骨盆歪斜」是什麼情況呢？

骨盆原本形似「漏斗」，但不知為何歪掉了，這麼想就可以了。不必用「○○骨和××骨如此這般」之類的專業用語去理解。

一旦骨盆歪斜，通過大腿根部＝「漏斗」下方的血管或淋巴管的體液循環就會變得不順暢。

大腿根部是**「髖關節」**的一部分，在此先簡單說明一下關節。

關節是指「互有關連的骨節」，它是連接身體各部位的「銜合處」，亦是體液流動時會經過的「關卡」。

這個關卡周圍聚集有動脈、靜脈和淋巴的出入口。體液不通過這個關卡就無法進出內臟。

淋巴結也聚集在此，如前文所述，淋巴結會發現並解決混入淋巴液的病毒及有害物質。

例如，感冒發燒時，頸側或耳下會摸到「小腫塊」對吧？

那是淋巴球與病毒在該部位奮戰，淋巴正賣力對抗著：「要想辦法解決病毒。絕不能讓它入侵身體。」「奮戰」到最後，就產生了隆起的小腫塊。

同樣地，腳受傷細菌跑進傷口後，大腿根部也會有小腫塊。

既然是負責如此重要任務的「關卡」，為了在緊急狀況下也能正常發揮作用，平時請讓它好好放鬆。

那麼，「姿勢不良」又是什麼意思呢？

那就相當於關卡的**關節承受著扭曲的壓迫**。

以站姿來說，站得直挺挺是對身體沒有負擔的良好姿勢。

若是下腹部往前頂、下巴突出的駝背站姿，站久了就會腰痛、肩頸痠痛。

腰痛是因為髖關節承受過大壓力，進而壓迫到鼠蹊部（左右大腿根部的凹溝內側，即俗稱的「比基尼線」），使得下半身的血液、淋巴液難以回流，腰部變得沉重無力。

肩頸痠痛是因為下巴突出，壓迫到連接頸部和頭部的血管或淋巴管，導致體液流動不順暢。

只要站得直挺挺，體液就能順利通過相當於關卡的關節。

姿勢不良，會讓關節承受負擔，壓迫到通過關節的管子，使得體液流動停滯，引發循環障礙。

坐著的時候也一樣。

各位一天大概坐幾小時呢？

處理文書工作、開車、看電視或打電動等情況下，長時間坐姿不良，關節會比站著的時候更緊繃。這點在我的另一本書（《驚人坐推力！：改變坐姿3公分，贅肉消、身形正、肩頸腰不再痛！》時報出版）中有詳細說明。

因姿勢不良無法順利通過關節的體液逐漸淤積。在顆粒細小的血液成分中，特別是血漿會從血管或淋巴管滲出，囤積於皮下，造成水腫。然後，應該流走的老廢物質流不動，變成淤積狀態。

下肢（大腿～腳）的血液、淋巴液會通過大腿根部的專屬通道**「股三角」**進入下腹部。

股三角相當於下腹部與大腿的出入口。若骨盆歪斜，這個部分也會歪斜，血管和淋巴管就像被踩住的水管，循環受到阻礙。

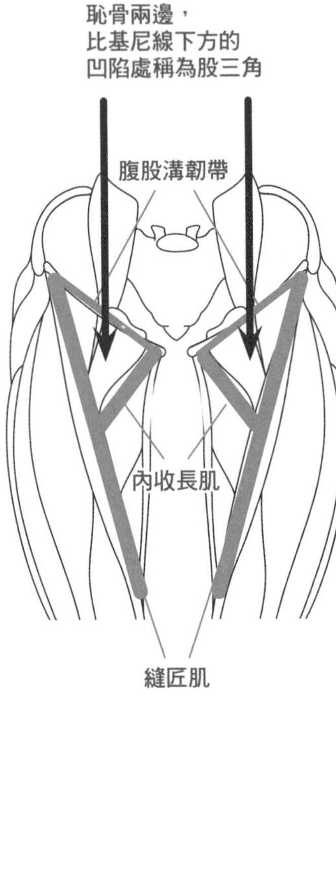
恥骨兩邊，
比基尼線下方的
凹陷處稱為股三角
腹股溝韌帶
內收長肌
縫匠肌

「可是，誰知道自己的骨盆有沒有歪掉？」

有一個簡單的方法，任何人都能在家確認骨盆有無歪斜。

診斷重點⬇確認坐骨的高度。

方法⬇將毛巾對摺三次，分別放在左右坐骨的下方。

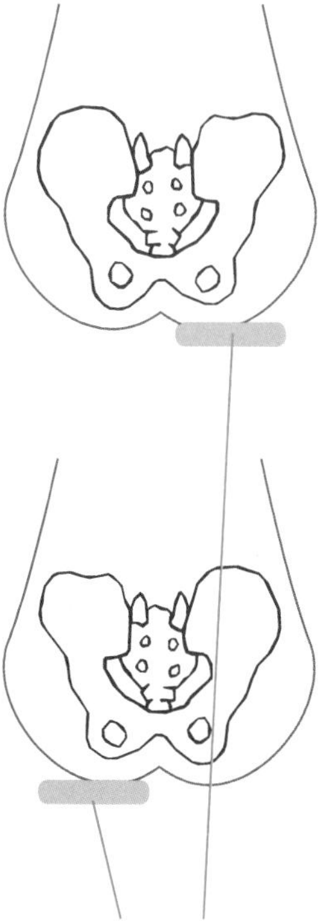

把對摺三次的毛巾分別放在
左右坐骨的下方

右邊毛巾坐起來比較穩，表示右側髂骨向後傾。

左邊毛巾坐起來比較穩，表示左側髂骨向後傾。

知道自己哪邊坐起來比較穩後，**經常將毛巾放在比較穩的那側坐**，自然會減少骨盆的歪斜。

這個方法特別推薦給在辦公室久坐不動的人，以及長時間開車的人。

此外，晚上也請做一做後文介紹的**微動體操**，幫助體液循環變得順暢。

調整體液循環，矯正歪斜的骨盆

「把毛巾放在坐骨下吧！」

「好麻煩喔，明天再做吧！」

「明日」復「明日」，因為嫌麻煩，就一天拖過一天。已經獲得知識，卻又什麼都不做，只是一直持續毫無改變的「今天」。

想讓骨盆的狀態變好，就要試著改變環境。

在生活環境中的各處擺放毛巾。

在客廳、餐桌、房間椅子、車內、辦公室各放一條，包包裡最好也放一條！

因為人很難改變習慣，所以必須這麼做。

一如往常上了車，發現怎麼會有黃色毛巾？

此時就會想起：「對了！我要矯正不良的姿勢嘛。」

進了辦公室要坐下時，發現怎麼會有黃色毛巾？

此時就會想起：「啊，對了！我要矯正不良的姿勢嘛。」

準備坐下吃飯時，發現怎麼會有黃色毛巾？

此時就會想起：「啊，對了！我要矯正不良的姿勢嘛。」

想到客廳放鬆看電視時，發現怎麼會有黃色毛巾？

此時就會想起：「啊，對了！我要矯正不良的姿勢嘛。」

習慣就是自然而然會做的事。

若想改變習慣，就要刻意提醒自己去做自然而然會做的事。

在生活環境中各處看到黃色毛巾，就算嫌麻煩也會記得去做。

當然，不一定要選黃色，任何顏色都可以。像是看了有精神的紅色，或是感到放鬆的綠色。準備好喜歡的顏色的毛巾，讓自己看到毛巾就會想起矯正姿勢這件事。

請別當作在盡義務，花點心思愉快地去做吧。

只要努力實行，快則三個月，通常也只要半年，就會養成習慣。這是根據以往多數患者的反應得出的統計。為了擁有健康的老年生活，不，為了健康的明天，請務必踏出這一步。

無法深呼吸是因為肋骨和體液循環出問題

「深呼吸和肋骨及體液循環有關係嗎？」

有的，大有關係喔！

呼吸，特別是**深呼吸和腦脊髓液的生產與循環有著莫大關連**。

・快速衝上樓會很喘。
・不用力呼吸就無法恢復正常的呼吸。
・覺得胸悶。

特別是忙著照顧孩子、做家事的女性，經常會有這些症狀。
當我要求有這些症狀的患者：「請您大大地深呼吸」，通常會得到「咦？」的回應。

因為他們沒有察覺到自己的呼吸在不知不覺間變淺了。

那麼，各位的呼吸沒問題嗎？

請看著時鐘，用吸氣的四倍時間（約二十秒）從嘴巴吐氣。

如果覺得「肩膀周圍很難受」「沒辦法吐氣那麼久」就要小心囉！
這可能是你的**肋骨在不知不覺中喪失原本的活動能力**。

也就是胸腔這個小水球卡住了。

肋骨像百葉窗的葉片會上下移動。

葉片打開，胸廓擴大，吸入大量空氣。

葉片閉起，胸廓縮小，可以不斷吐氣。

肋骨不動，黏在肋骨下方的橫隔膜也動不了。深呼吸必須靠橫隔膜的移動。若肋骨不動，很難正常呼吸，呼吸會變淺。於是，肺部無法吸收充足的氧氣，也不能充分排出二氧化碳。

血液的作用除了運送養分和老廢物質，還有運送氧氣及送出二氧化碳。

肺部是和「吸收氧氣及排出二氧化碳」有關的內臟。

若是處在「無法深呼吸、肋骨動不了」的狀態下，即使體液循環正常，細胞仍然得不到足夠的氧氣。

這個情況可以透過後文介紹的**微動體操**（請參閱第一一六頁）和**深呼吸運**

動（請參閱第一四四頁）來改善。

肩膀動不了是因為肩關節和體液循環受阻

「肩關節」一詞聽起來可能感覺很艱深，但其實就是**腋下**。這個專有名詞是指在腋下連接肩胛骨與肱骨的部位。

有些人晚上會因為五十肩或嚴重的肩頸痠痛醒來，這就是肩關節無法順暢活動所致。

肩關節有個部分叫「**臂神經叢**」，神經束、通往手臂的血管和淋巴管會經過此處。這裡是體液循環的關鍵部位之一。

各位是否有聽說過「腋下」很重要這個說法呢？指的就是這個意思。

當肩頸痠痛變成慢性化，腋下看起來就會像是夾著一塊麻糬。那個硬塊究竟是什麼呢？體內的老廢物質流不動而淤積，當中顆粒大的老廢物質就會形成硬塊。

除了肩頸痠痛，也總會為了肩膀周圍的不適感所苦。若變嚴重，還會出現耳鳴或頭痛、臼齒痛等症狀。

肩關節變得動不了的過程如下：

・肩胛骨活動變差↓肩頸痠痛慢性化↓睡覺總是用肩膀承受身體的重量。

這種「常態化」持續一段時間後，就會變成半夜痛醒的夜間疼痛。像是「手隱隱作痛而醒來」「不知道該把手擺在哪裡才好」這種狀態。

或許各位心裡已經有底，如此按部就班慢慢惡化的關節沒那麼容易治好。但只要願意花時間，還是能治好。利用以下的方法就很有效：

・首先，進行促進體液循環的「微動體操」。

・接著，做肩胛骨和肋骨各自活動的伸展操。

持續做一個月上述的動作後，肩頸痠痛的狀況就會好轉許多。

覺得不舒服時請盡量多做這個伸展操。

接著，請改變睡姿。

改用肩胛骨睡覺。

多數人小時候都沒用枕頭睡覺。

「側睡」實際上是怎樣的睡姿呢？

如果家中有小朋友，請觀察看看他的睡姿。

小朋友側睡時，不是用肩膀承受身體的重量，是用**肩胛骨**承受身體的重量。

然而過了中年，身體逐漸僵硬，慢慢就變成「用肩膀睡覺」。

【肩胛骨伸展操①】

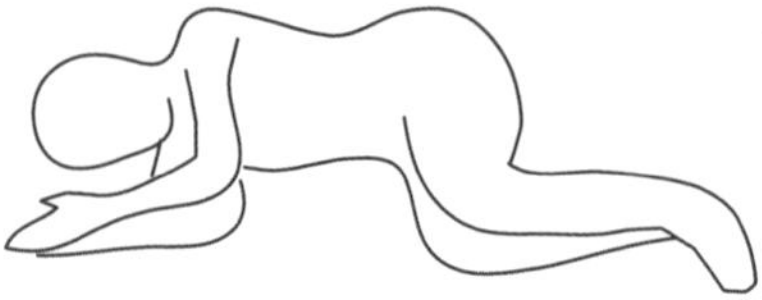
背部挺直，不要駝背！

1 朝右側側躺，雙腳彎曲成九十度，背部挺直。右手掌朝天花板，左手掌疊放於其上。

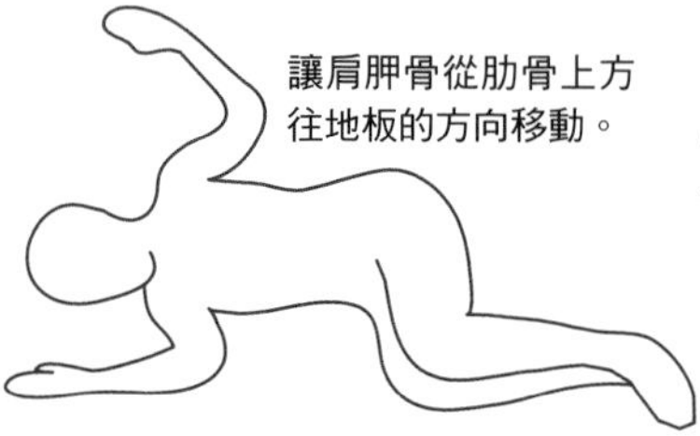

2 接著打開左手，以左手臂的重量讓左邊的肩胛骨朝地板下降。

保持九十秒，身體放鬆進行伸展。
慢慢回到原位，休息三十秒，另一邊以相同方式進行伸展。

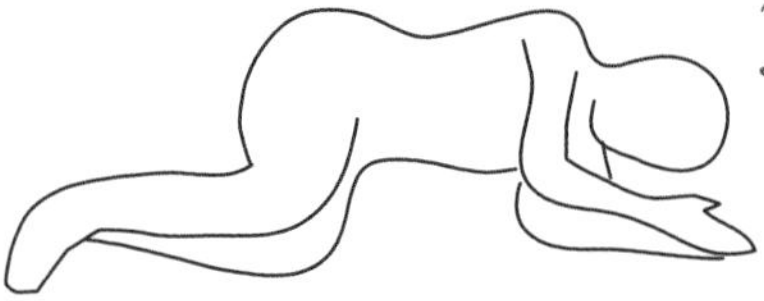

3 朝左側側躺，雙腳彎曲成九十度，背部挺直。左手掌朝天花板，右手掌疊放於其上。

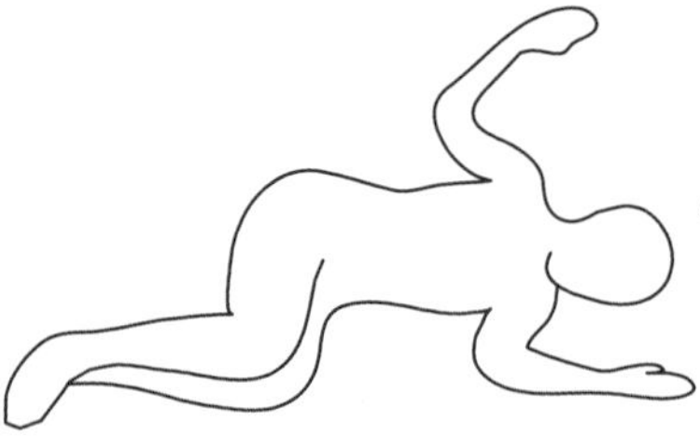

4 接著打開右手，以右手臂的重量讓右邊的肩胛骨朝地板下降。

【肩胛骨伸展操②】

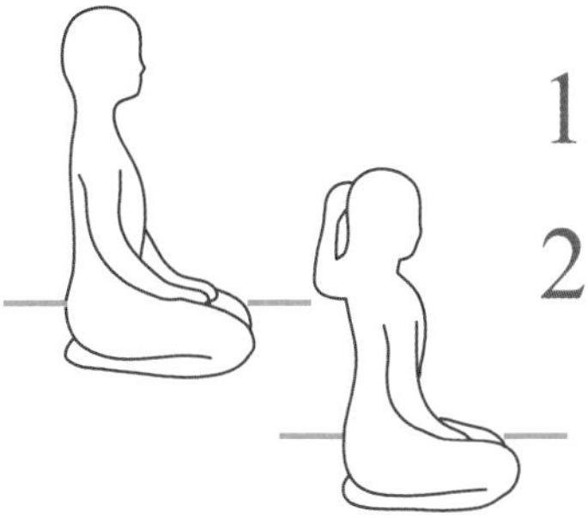

1 在距離牆壁約四十公分的地方跪坐。

2 左手臂舉至肩膀的高度，手肘彎曲成九十度，打開左胸。

不要用手掌貼住牆壁，
請用指腹支撐身體。

3 左手臂朝肩膀後上方伸直約四十公分，並用五根手指支撐身體。

4 維持這個姿勢，手肘慢慢向內轉動十次。
以自己覺得舒服的速度進行，慢慢做才有效果。

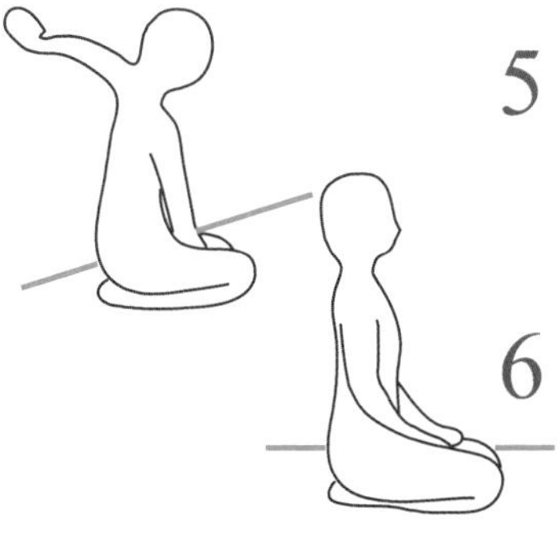

5 繼續維持這個姿勢，手肘慢慢向外轉動十次。想多轉幾次也沒關係。

6 慢慢回到**1**的姿勢，身體放鬆做三次深呼吸。另一邊也重複**1**～**6**的動作一次。

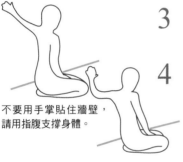

「用肩膀睡覺」是什麼姿勢呢？
就是這樣的睡姿。

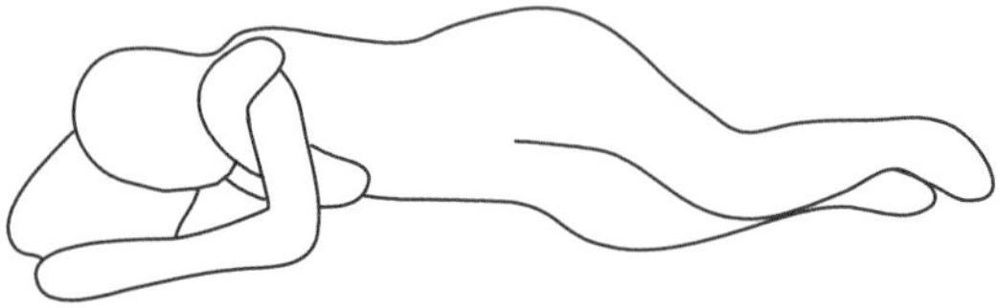

如果用肩膀睡覺，腋下會受到壓迫。腋下受到壓迫後，肩關節會越來越緊繃。想解決肩關節緊繃的問題，請試試本書第八四頁介紹的伸展操。
肩關節的治療不容易，若無法靠自己治好，請務必就醫接受治療。

腳踝僵硬是因為體內瘀血

曾經有位年約六十五歲的女性患者就診時表示：「開車時左腰也會痛」「想要下車的時候，左邊的臀部痛到起不了身」。
我為她鬆開緊繃的髖關節後，看了看她的膝蓋和腳，發現左腳踝前側長出厚繭。雖然不痛，卻硬得像石頭。從那個硬如石頭的厚繭可以感受到踝關節的活動確實很差。
一問之下，她在高中時參加過壘球社，扭傷過腳。儘管和疼痛的部位沒有直接關係，但我認為這是舊傷的後遺症，於是便開始進行治療。施行每週治療

【肩胛骨伸展操③】※ 搭配肩胛骨伸展操①一起做

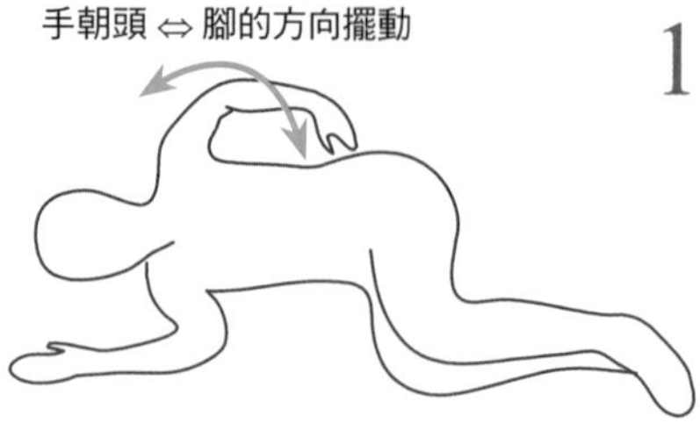
手朝頭 ⇔ 腳的方向擺動

1　伸展操①的步驟 **2**（第八十頁）的狀態維持六十秒後，手肘位置不變，手朝頭 ⇔ 腳的方向慢慢地擺動。

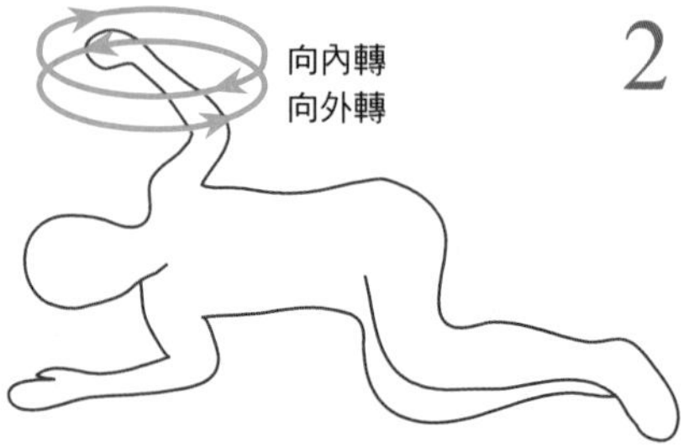
向內轉
向外轉

2　手肘繼續保持原位，前臂像在畫大圈般慢慢轉動。做這個動作可以感受到肋骨與肩胛骨有節奏地伸縮。
休息三十秒後，另一邊也依相同方式慢慢轉動。

【肩胛骨伸展操④】※ 能夠輕鬆完成①③後，再搭配一起做

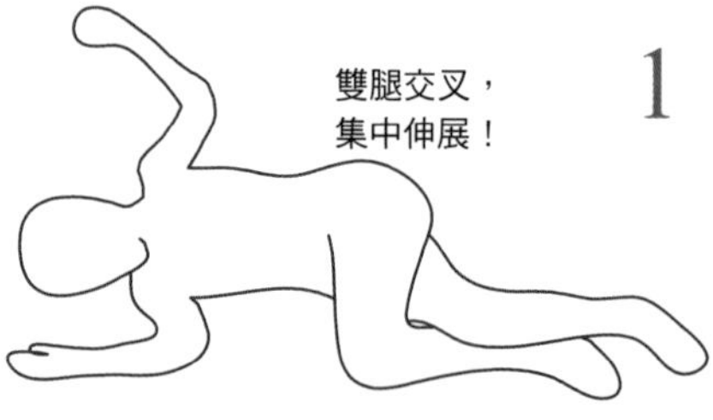
雙腿交叉，
集中伸展！

1　如圖所示，請用上方的小腿壓住下方腳的膝蓋。因為是側躺的姿勢，腰部穩定可以更集中伸展肩胛骨。另一邊也依相同方式進行伸展。

每次是左右各做一次。請在早中晚或覺得「肩膀好痠」時做。側躺時在上方的胸部不要打開，臉和胸部、腰部都是朝側面躺好。做習慣之後，兩邊以①→③→④的順序做，效果會更好。

一次三個月後，她左臂的疼痛就在不知不覺間消失了。活動很差的髖關節也變得活動自如。

為何要治療看似毫無關係的腳踝呢？

腳踝是淋巴的反射區（有對應連結的末梢神經）。

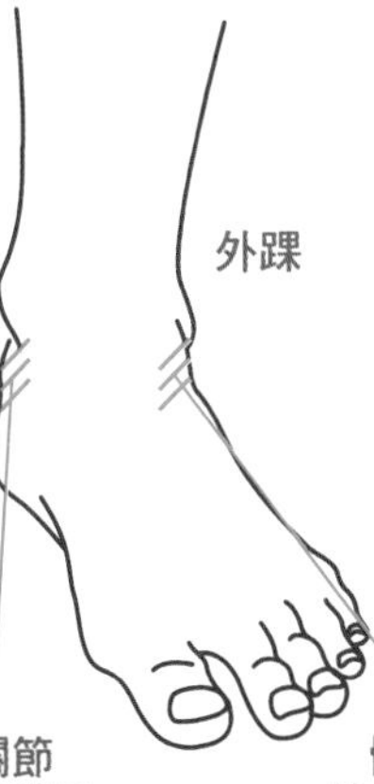

骨盆歪斜，髖關節的狀況會變差，原因就在踝關節。

那位女性患者到處接受治療都好不了，我想是腳踝的舊傷所致。

如前所述，骨盆扭曲，髖關節的狀況變差，血液和淋巴液的流動也會跟著變差。

即使不像這位女性的症狀如此嚴重，只要骨盆歪斜造成體液循環變差，從腳回流至身體的血液和淋巴液的循環就會變差。於是，老廢物質逐漸沉澱在下肢，導致腳水腫，腳踝更會變得僵硬。此外，有時也會出現坐骨神經痛般的疼痛，有些人還會有麻痺的情形。

工作結束後回到家在客廳休息時，或是泡澡放鬆時，**只要檢查一下腳踝就能知道體液循環是否淤滯。**

〔檢查這些地方！〕

・**腳背有無腫脹隆起**
・**腳底是否舒暢**
・**腳踝能否順暢轉動**
・**撐開腳趾時，每根腳趾是否都會分開**

如果覺得「咦？難道我……體內有瘀血？」請做做看**微動體操**（請參閱第一二六頁）和**深呼吸運動**（請參閱第一四四頁）。

小腿肚僵硬，血液無法回流至心臟

每次遇到阿基里斯腱斷裂的患者來就診時，我總會問：「您的阿基里斯腱是出於什麼原因斷了呢？」

原以為是做了激烈運動或跑步過度所致，但那樣的人反而很少。「只是跑步就聽到啪的一聲，結果是阿基里斯腱斷了」「和媽媽朋友打排球，跳起來落地後就聽到啪的一聲，然後就斷了」等，多數是像這樣，明明不是做激烈運動，但卻阿基里斯腱卻斷了。

阿基里斯腱容易斷裂的人有個共通點——**小腿肚的肌肉僵硬**。

小腿肚的肌肉是從踝骨延伸至腳底和趾尖。仔細觀察阿基里斯腱容易斷裂的人會發現，他們的阿基里斯腱周圍有類似橘皮組織的淤積物。

小腿肚具有讓血液從身體末端流回心臟的幫浦作用。當小腿肚的肌肉緊縮，夾在裡面的靜脈受到壓迫，這股壓力會將血液向上推往心臟。壓力解除時，靜脈內的瓣膜會讓血液不逆流。

這件事前文也已說明過。

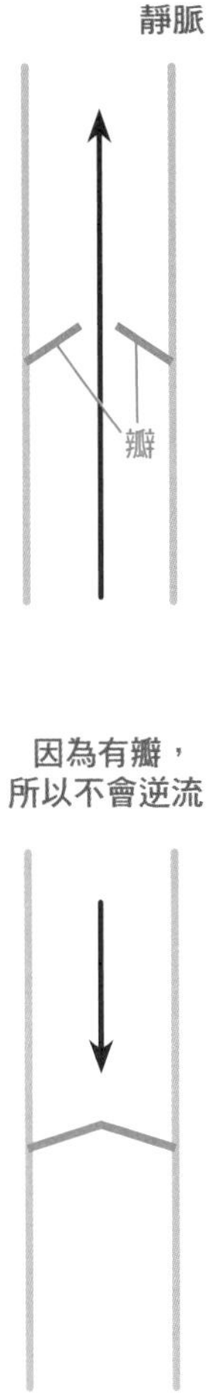

小腿肚的肌肉會在內、外踝形成肌腱，從腳底延伸至腳趾。在阿基里斯腱的內外側形成小肌腱，環繞腳底。

腳踝就像是成為細長肌肉的「滑輪」。

因此，阿基里斯腱的內外側，以及內、外踝周圍變硬、有硬塊時，肌肉就無法順暢活動，小腿肚的肌肉和腳底肌肉自然無法正常運作。

這麼一來，讓血液回流至心臟的幫浦也不能發揮作用。幫浦不能發揮作用，老廢物質就無法回流，當中較大的老廢物質更是流不動。

最後就淤積在腳底和阿基里斯腱周圍。

〔檢查這些地方！〕

・阿基里斯腱周圍比十幾歲的時候粗。
・從旁邊抓捏阿基里斯腱會有多餘贅肉。
・伸展阿基里斯腱時很痛，做不了。
・早上起床時，膝蓋以下覺得沉重無力。
・老覺得膝蓋以下怪怪的，好像掛著秤錘般的重物。

如果有這些情況，請做做**微動體操**（請參閱第一二七頁）和**深呼吸**（請參閱第一四五頁）。

為了讓體液循環順暢，檢查阿基里斯腱周圍可以確認下半身的功能是否正常運作。

放鬆休息或洗澡時就能檢查，請養成習慣吧！

改善體液循環也能矯正駝背和O型腿

胃痛時，我們會按住心窩，邊喊「好痛……」邊往前彎曲身體。因為便祕而腹痛時，也會護住相同部位彎著身子。

體液循環變好就會促進血液循環，血液順暢流往胃和大腸送來養分，器官就得以正常運作。

於是，身體不必為了保護內臟而彎腰駝背，可以保持挺立的姿勢。

體液循環變好，流往內臟的血液、淋巴液的循環也會變好。

這麼一來，身體的自癒力達到最強，進而就會開始提高內臟的功能。

虛弱的內臟變得有活力，身體就不會為了保護內臟而彎腰駝背或是變成O

型腿，可以抬頭挺胸、端正姿勢。只要體液循環變好就能獲得這些改善。在我的沙龍和學員開設的整復院、物理治療所，這些情況都是常見之事。

身體真的很想變健康！

就算受傷流血，傷口通常會好。

動了手術，傷口也會痊癒。

即使是八、九十歲，並不會「受傷好不了」。只是，比年輕的時候要花更多時間。

不過，腰痛或膝蓋痛時會被說成是「因為老了」，於是盲目聽信，認為自己好不了就放棄治療。

這樣不是很奇怪嗎？

其實，身體真的很想被治好。

即便患者前來時說著「好痛」「好難受」，只要體液循環變好，關節導正至原位，狀況就會變好。

當然，治療並非一次就好，但隨著次數增加就會好轉。若毫無變化可能是因為老化，但只要還能改善，就不該歸咎於老化。

曾經有位年過七十的患者，他被診斷為「骨關節炎」，費盡千辛萬苦來就診。他的左膝蓋變形，因為發熱還貼著藥布。

「要是能換掉這個膝蓋就好了。」

當身體健康出問題，像是這位膝蓋痛的患者就會怪罪於膝蓋。

可是，真的是這樣嗎？

假如身體會說話，它會怎麼說呢？

膝蓋有膝蓋的任務，它總是盡心盡責。
身體是膝蓋的「主人」，膝蓋效忠主人，默默做好自己的工作。
接下來是經常「側坐」的主人和賣力工作的膝蓋之間的對話。

膝蓋：這陣子被扭曲得很誇張，最近主人的姿勢好像很糟糕。
主人：（完全沒發現）。
膝蓋：真拿他沒辦法。雖然難受，也只能努力保持平衡。
主人：（完全沒發現）。
膝蓋：我這麼辛苦硬撐，主人也該察覺了吧？我快要撐不下去了……。
主人：咦？這陣子膝蓋有點怪怪的。
膝蓋：不行了，我好累，沒辦法撐下去了！
主人：奇怪，膝蓋好痛喔。怎麼會這樣？我又沒做什麼。
膝蓋：看樣子主人終於發現了。

主人：貼藥布看看吧。

膝蓋：不對啦……是因為主人側坐的關係。雖然膝蓋擅長彎曲，但在扭曲的狀態下承受體重會很難受。你懂不懂啊！

主人：貼藥布也沒效，去骨科照一下X光吧。

醫師：你的X光看起來沒有異狀耶。先吃藥觀察看看吧。

主人：這樣啊？真的痛到好想換一個膝蓋……算了，試試看按摩好了。

片平：你是不是姿勢不良？膝蓋是樞紐關節，它的主要工作是彎曲。在扭曲的狀態下持續使用就會出問題，你有沒有想到什麼呢？

主人：這麼說來，我看電視都是側坐。

片平：可能就是因為那樣。我幫你把歪掉的膝蓋導回原位，請不要再側坐了。如果膝蓋會說話，應該很想一吐苦水。膝蓋那麼努力，錯不在它。

所以要懷著感恩的心向它道謝！這樣就能早日痊癒喔。

膝蓋：主人總算明白了……太好了！

主人：原來如此。膝蓋，對不起啊！
膝蓋：我的努力沒有白費。我會繼續努力的！

內容應該會是這樣的吧。

身體在健康狀態下，除了外傷（意外事故、跌倒等外來刺激），大致上都能應付。

無論再難受，全身都會設法保持平衡，同心協力完成行動。

因此，維持正確姿勢，讓體內循環變好，身體自然會健康。

如果有覺得哪裡痛，請檢查看看**日常生活中有沒有做出不良的姿勢**。

體液循環也能強化骨骼和黏膜

體力衰退、疲勞時，正是體液循環功能變差的時候。

這時候，養分無法送到身體各處，身體會呈現全身營養不足的疲乏狀態。

在這種狀態下，就算「想讓骨骼變強壯」而攝取鈣質，因為內臟的消化功能衰退，就會無法吸收而被排出體外。

這時候必須休養身體。

最好的休養方式就是躺下來睡覺。

如果衰退的循環功能在睡覺時得以恢復，用於消化活動的體力就能用來回收身體的老廢物質。

處理完老廢物質變乾淨的身體吸收養分後，這些養分就會送往細胞。

特別是**腸胃的黏膜**會直接吸收醣類和養分，為了維持正常運作，良好的體液循環非常重要。

雖然已經說了很多次，但再次提醒大家，想讓體液循環變好，請進行**微動體操**（請參閱第一二七頁）和**深呼吸**（請參閱第一四五頁）。

第 3 章

快速疏通體內「淤積」的運動

為何無法消除疼痛和痠痛？

肩頸痠痛未必是肩頸有問題。

腰痛未必是腰部出問題。

我接觸過五萬名以上的患者，發現多數人**「疼痛的原因並非出自疼痛的部位」**，尤其是「怎麼治都治不好」的人經常如此。

我常告訴患者是因為**「舊傷作祟」**。

尋找腰痛的原因，發現是學生時期的扭傷導致身體的中心軸移位。

以為是穿高跟鞋造成的拇趾外翻，結果是髖關節偏移。

五十肩是因為膝蓋痛。

諸如此類，起因是「不相關的舊傷」的例子多到數不清。

現代人經常坐著工作，總是彎腰駝背，由姿勢不良引起各種症狀已是司空見慣。

姿勢不良會壓扁身體這個大水球。然後，胸腔和腹腔這兩個小水球也會跟著被壓扁。

在壓扁變形的水球裡，水管就像被輕輕踩住的狀態。水管被踩住，體液的流動會變差，水球內的循環就會跟著惡化。漸漸地，水球內的體液會開始淤積。

體液在全身淤積，有時看電腦比較久就會肩膀痠痛，若只按摩肩膀，等於是見樹不見林。

這時候，要先改善水球內的水管，也就是**體液的循環**，身體就能變輕鬆。

多數人都不知道這件事，解釋了也不太理解。因為他們沒有意識到「身體的各部位並非獨立存在，而是合而為一」。

因此，一般人在膝蓋痛的時候，就在膝蓋貼藥布或擦藥；覺得肩膀痠痛就一直按摩肩膀，腰痛的時候只指壓按摩腰部。

以剪刀為例來做說明。

剪刀掉到地上，螺絲鬆了，刀身鬆脫，刀刃磨損，如果直接使用，將無法順利剪斷東西。

這種情況下，把刀刃磨得再利也剪不斷，應該是要鎖緊螺絲才對。

身體也是如此。**假如是扭傷↓膝蓋痛↓腰痛↓肩頸痠痛，其實只要治好扭傷，一切就會獲得改善。**

身體是由各部位組合為一體的。

扭傷使身體失去平衡，身體這個水球就會變形，體液循環變差。

因此，當你的生活或運動導致身體失衡，必須自己進行療護，讓變形的水球復原。

不是治癒，而是「主動痊癒」

手被割傷時，通常不會有「好吧，來治療傷口囉」的想法吧？身體會主動開始修復，自行痊癒。

肩頸痠痛或腰痛等症狀也是如此。

因為閃到腰前來就診的患者，或是因為五十肩無法轉動手臂的患者，只要導回正確的位置，身體就會痊癒、活動自如。

話雖如此，只做一次治療未必能夠回到正確的位置。若是長期處於嚴重狀態的人，通常需要做五～六次的治療。

治療師所做的治療，並非為患者消除疼痛或緩解痛苦，而是幫助患者的身

體回到解剖學上的正確位置。光是這樣，疼痛和痛苦就會自動消除，彎曲的腰也會挺直，舉不起來的手臂也能舉起。

這代表著什麼意思呢？

身體具有自癒力。

只要將身體導向可以自行治癒的位置，它就會主動好轉。治療師的任務就是引出身體的自癒力。

我曾在第四次閃到腰時，忍不住想「身體為何動不了」？

如今我已明白，那是身體正在發出「自癒力無法發揮作用啦。請好好休息」的警訊。

因此，當身體感到疼痛，請想成是身體對你的忽視發出了警訊，要為它打**造容易治癒且能提高自癒力的環境**。

當然，**提高自癒力的環境正是體液循環良好的狀態**。

以往我們總是在意痛苦的部位，從未想過「體液循環」這件事。

後文將依序介紹促進淋巴液、腦脊髓液、血液循環的重點，說明相當於「人孔蓋」的部分。

淋巴液順暢流動的三個重點！

首先來說明淋巴液的循環。

淋巴液順暢流動的重點是以下三個部位：

①鎖骨
②腋下
③大腿根部（鼠蹊部）

①鎖骨

「鎖骨」是指連接胸骨和鎖骨的「胸鎖關節」部分。

這裡非常重要，是通往較粗的淋巴管「胸管」之處。

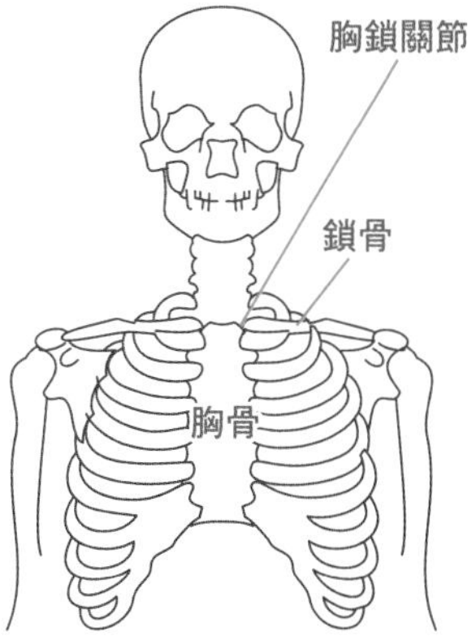

來自右胸部、右腹部的淋巴液會流入右側，全身其餘的淋巴液則流入左側，然後混入靜脈回流至心臟。

因此，**全身七〇％的淋巴液會流入左側**。

若這裡的循環不好，就算②腋下和③鼠蹊部的循環良好，淋巴液還是無法順暢流動，所以是非常重要的部位。

②腋下

腋下是通往手臂的神經束「臂神經叢」經過之處。來回於手臂與軀幹之間的血管和淋巴管也會經過這裡。

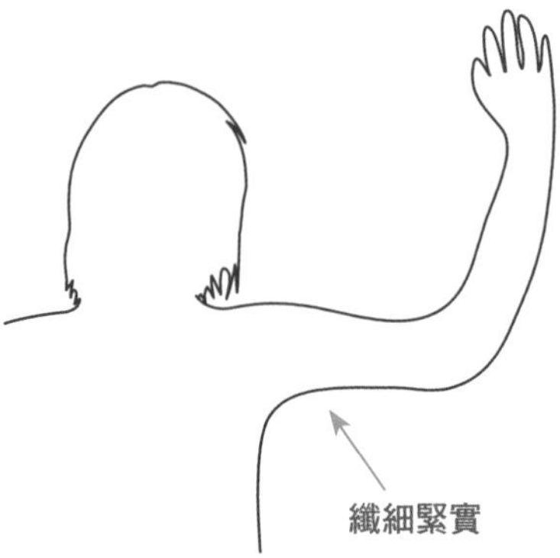
纖細緊實

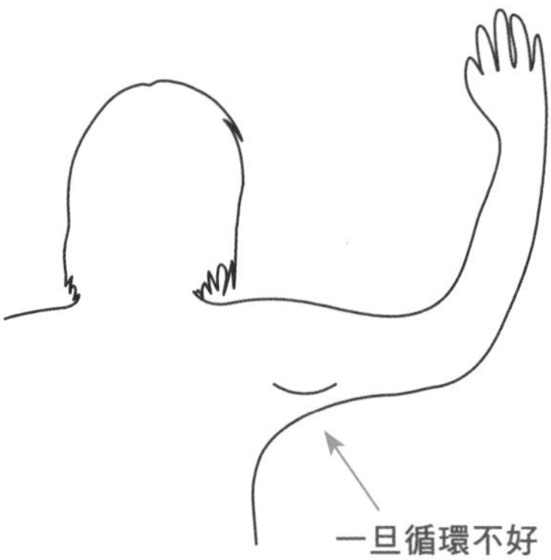
一旦循環不好，
就會像是藏著
一塊麻糬，手
臂也會變粗！

身體健康的人，腋下線條緊實，腋窩彷彿被挖了一個洞。假如腋下像是藏著一塊麻糬，表示通過這裡的血管和淋巴管受到壓迫，無法充分發揮功能。

③大腿根部（鼠蹊部）

請摸摸看位在「內褲鬆緊帶」那條線上、恥骨突出的下方，你會摸到一個凹陷處。這裡稱為股三角，來回於下肢和腹部的血管、淋巴管及神經會通過這裡。如果受到壓迫或變得歪斜狹窄，下半身的血液和淋巴液的循環就會變差。

身體健康的人，股三角是呈現「凹陷」的狀態。

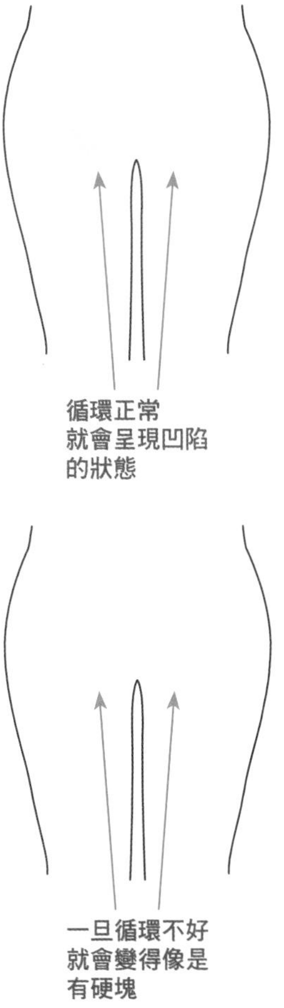
循環正常
就會呈現凹陷
的狀態
一旦循環不好
就會變得像是
有硬塊

假如這裡隆起或變硬，表示血管和淋巴管處於被壓扁的狀態。不過別擔心，做做**微動體操**就能改善。

透過放鬆髖關節的伸展操疏通淋巴液

有位年約七十五歲、纖瘦有氣質的女性患者表示，「這陣子腳水腫得很難受」。因為住得遠，每個月來就診一次已經相當吃力。

於是，我教她可以在家輕鬆做的髖關節伸展操。

結果下個月回診時，文靜的她笑咪咪地說：「我做了那個伸展操後，腳就不會水腫了。」

這個方法相當簡單，效果卻非常好。

請各位務必一試。

檢查重點▼鼠蹊部有無硬塊

如果這裡有硬塊，淋巴液的回流會受到阻礙。

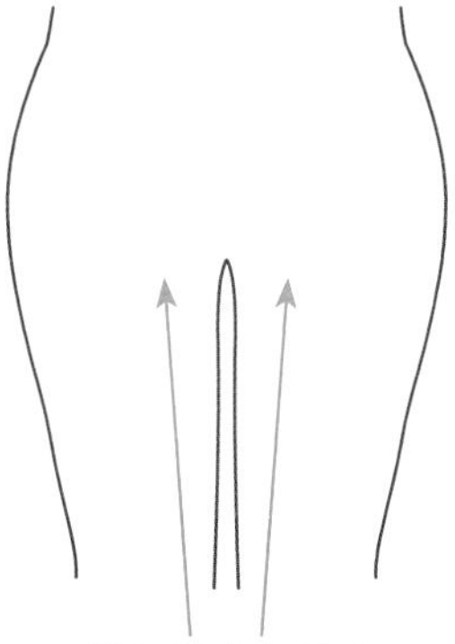

疏通淋巴液的訣竅▼雙腳向外打開三十度

放鬆髖關節的角度。

那就是，把腳放在從身體軸心線向外打開約三十度的位置。

1 先仰躺。

2 左腳從軸心線向外打開三十度。

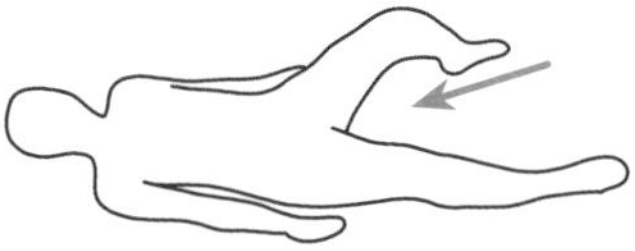

3 接著屈起左膝，彎成九十度直角。

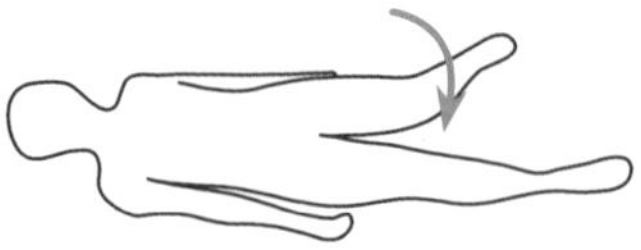

4 用左手輔助，讓左膝朝右側放鬆倒下。

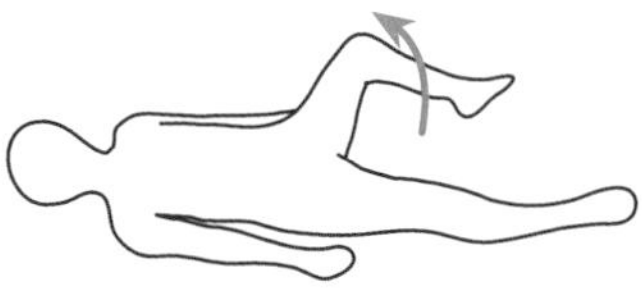

5 再讓左膝朝左側放鬆倒下。

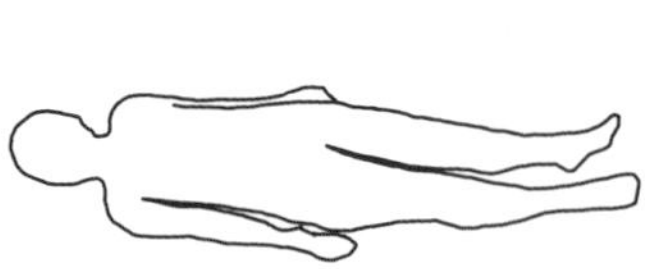

6 重複步驟四～五十次後，回到原位。請以覺得舒服的速度進行。右腳也依相同步驟做一次。

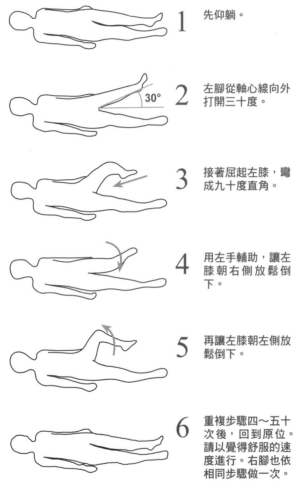

同時伸展腋下與鎖骨疏通淋巴液

好好活動手臂，就能達到「一舉兩得的淋巴液疏通」。

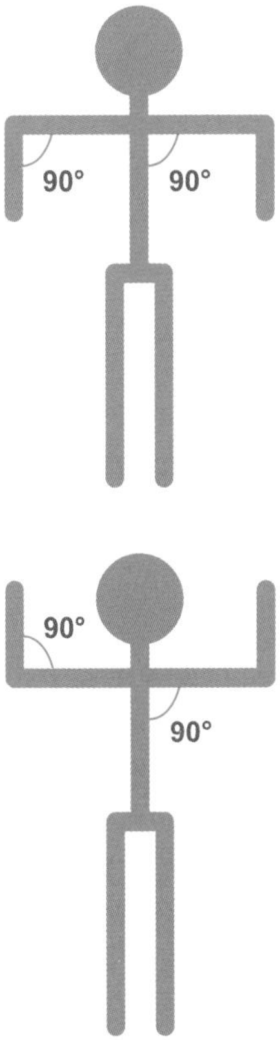

抬起手肘，與肩同高，手肘至手指與身體平行，朝頭和腳的方向緩緩移動。

早晚做一次，肩頸就會變輕鬆，還有瘦臉效果。

淋巴按摩的最終階段！

前文曾提到，淋巴液是「緩慢」流動的。**淋巴液流動一秒的距離不到一公分**，而血液流動一分鐘就能遍及全身。

通常睡覺時，只要把一整天朝下的**雙腳放平，淋巴液的流動就會變順暢**。因為躺著的時候，身體呈現水平狀態，比起站著的時候，血液和淋巴液更好回流至心臟。因此，身體健康的人，即使白天的工作或活動導致雙腳在夜晚水腫，早上起床時，水腫就會消除。

不過，有些人因為熬夜、睡眠不足、喝酒等造成水腫難消，情況嚴重到就算睡覺也無法消除。

然而，睡覺的時候，放鬆相當於淋巴「關卡」的部位，淋巴液的流動就會變順暢。

接下來介紹的方法，只要躺十分鐘左右，身體就會像泡完澡一樣輕鬆，臉頰還會微微泛紅。

只要在睡覺時將身體擺成淋巴液容易流動的位置，**光是躺著就能讓淋巴液持續流動**。

訣竅就是，別讓大腿根部（鼠蹊部）和腋下卡住。

這句話的意思是，打開血液和淋巴液從手腳流回軀幹時的「人孔蓋」。

經過多年的不斷嘗試，我發現訣竅就在角度上。上肢至軀幹連接處的「腋下」，以及下肢至軀幹連接處的「大腿根部（鼠蹊部）」，這兩處的人孔蓋在**「某個角度」**會彈開。

那麼，請放鬆身體，試著做做看吧。

①用毛巾捆住大腿，以繩子綁好固定，要使用沒彈性的繩子。雙腳稍微內八，這是股三角凹陷的位置。

②上臂抵住床板（或地板），拱起背部，做出空隙，兩邊的肩胛骨往脊椎的方向夾緊，挺起胸部躺好。

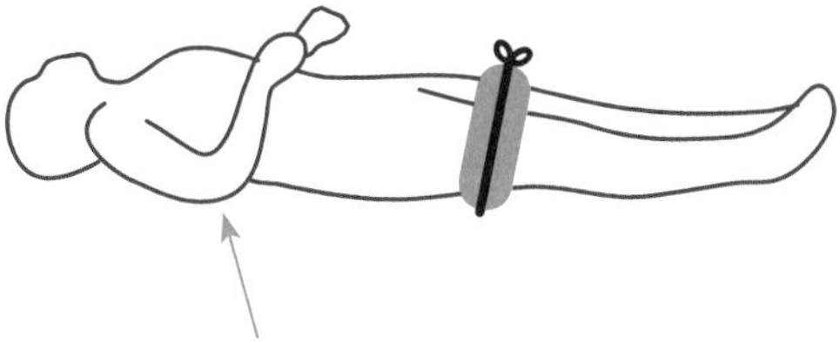

拱起背部，做出空隙

③兩肘抬起約五公分，墊上毛巾，雙手交疊，躺十分鐘。

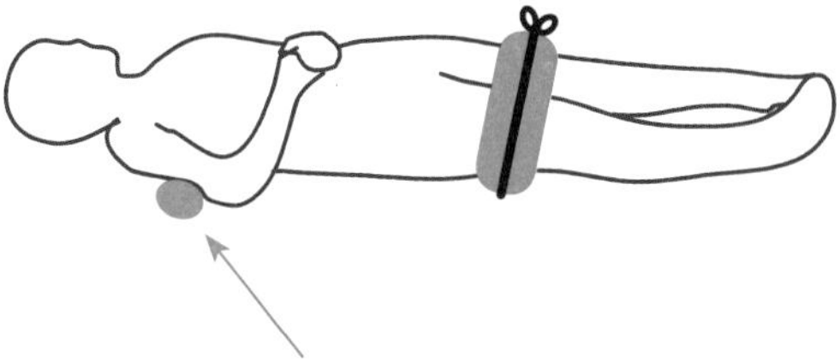

墊上毛巾，
讓兩肘比床板（或地板）高五公分

躺十分鐘就有效。我為患者做完治療後，讓對方像這樣躺著，許多人都會說**「感受到體液在身體裡流動」**。當然，個人感受有所差異，只要做得正確，即使沒有任何感覺還是有效，這點請各位放心。

十分鐘過後，依然可以保持原狀，通常許多人都會因為太舒服而睡著。

疏通淋巴液的方法就說到這裡。

為避免各位誤解，在此我要聲明一件事，我並不是主張不要靠按摩解決身體的不適。

按摩很舒服，還能增進家人之間的肌膚接觸。

但能不依賴他人、不使用器具的簡單動作就能調整所有體液，治好身體的不適，我認為這樣的方法才是最好的。

雖然難以靠自己改變骨骼，**若是改善體液循環，只要學會怎麼做，任何人**

都做得到。

這個方法很簡單，卻很少人提出，那就是**促進腦脊髓液的循環與生產的方法**。

接下來，我將依序進行說明。

腦脊髓液的循環與生產為什麼很重要？

我為患者進行「顱骨調整」已經超過二十五年，這些年為許多人改善了自律神經的問題、新生兒不明原因的發燒或吐奶、癲癇等各種症狀。

生完孩子之後，我做了某項嘗試。

據說剖腹產會讓胎兒突然承受到外在壓力，對顱骨的閉合會造成莫大衝擊。

我對這項說法感到疑惑，因此開始試著調查頭部是如何變硬的。

因為接觸過許多新生兒和小朋友，我的雙手清楚知道顱骨的健全狀態，以及它是多麼柔軟。

說到新生兒的頭，他們的顱骨很小，不像大人已經密合，很難想像會很硬對吧？

不過，真的很神奇，它就是會變硬。

雖然整體都會變硬，但主要是「**蝶枕軟骨聯合**」（**spheno-occipital synchondrosis**）這個部分變硬。

[從下方看到的顱骨]

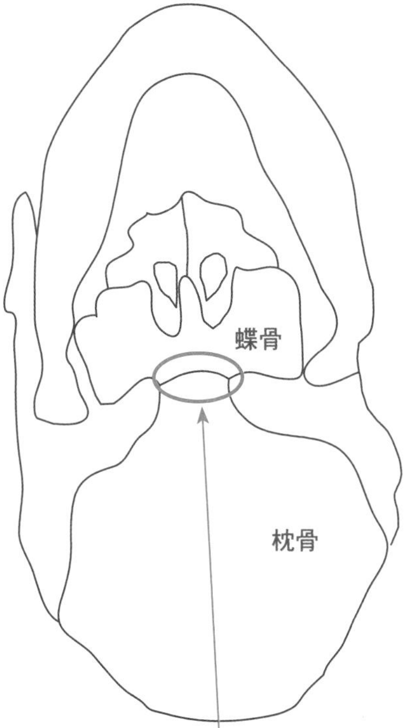

蝶枕軟骨聯合動不了時，小朋友就會發燒。這時候，只要放鬆蝶枕軟骨聯合就會退燒。

多虧這個方法，除了定期健檢或因病毒引起的發燒、中耳炎、蛀牙，我家孩子很少去看醫生。若不是病毒引起的發燒，趁孩子睡覺時，幫他放鬆蝶枕軟骨聯合就能獲得改善。

腦脊髓液的治療不常見，施行的地方也很少。

不過，**讓腦脊髓液順暢循環，靜脈之外的體液循環，也就是動脈血液、淋巴液就都會順暢流動。**

每個人都能簡單做到的方法就是「微動體操」（請參閱第一二六頁）。

增加腦脊髓液生產與循環的機制

枕骨（和第一頸椎相鄰的顱骨）與蝶骨（太陽穴連接至眼睛上方的骨頭區塊）的接合處稱為**蝶枕軟骨聯合**。

蝶枕軟骨聯合朝頭頂方向移動的狀態稱為「**屈曲**」（**Flexion**），**此時會生產腦脊髓液**。

蝶枕軟骨聯合朝雙腳方向移動的狀態稱為「**伸展**」（**Extension**），**此時腦**

脊髓液會循環。

屈曲和伸展是兩~三秒進行一次。

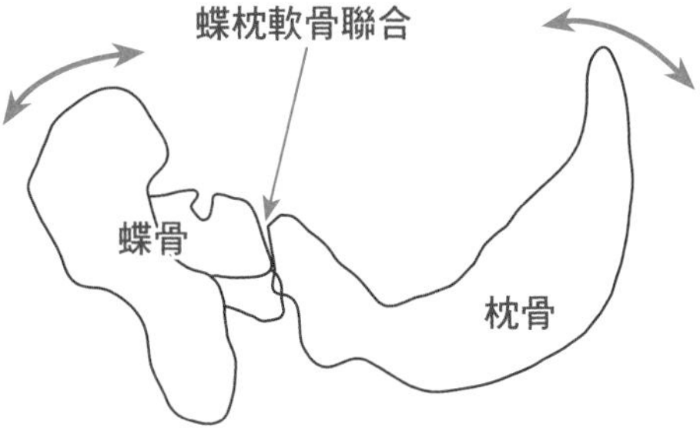

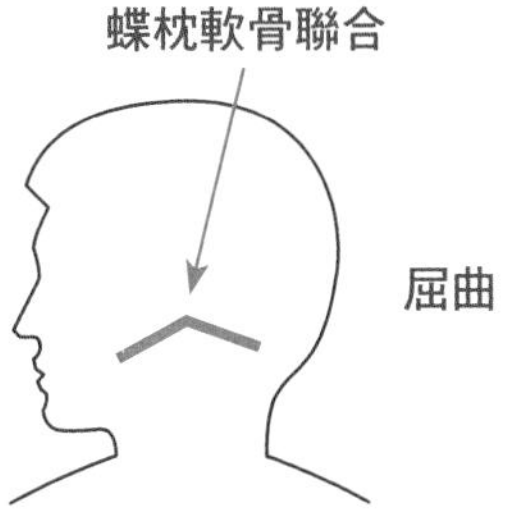

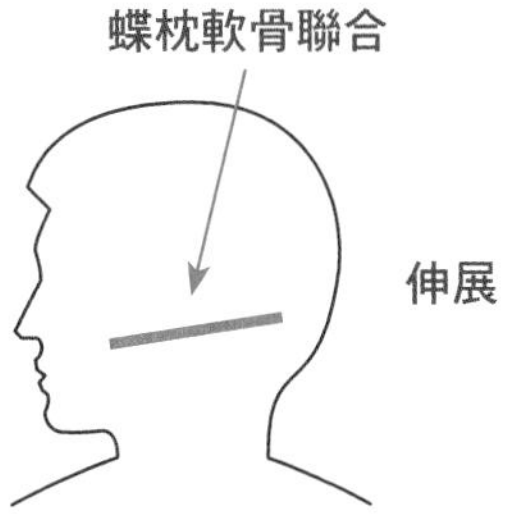

而且，屈曲和伸展都會牽動**骶骨**。

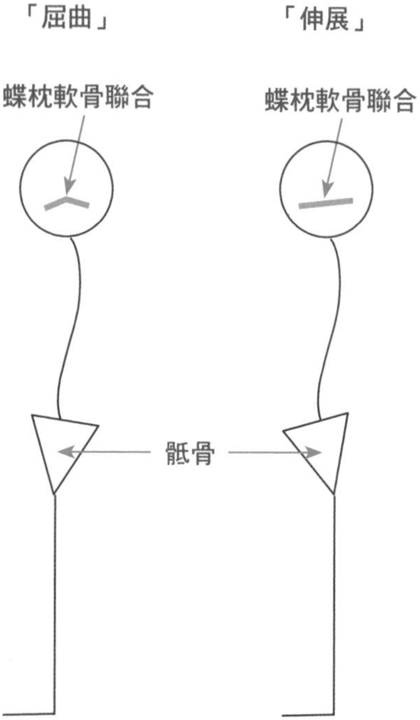

屈曲和伸展的活動在胎兒時期就已經開始，稱為**第一次呼吸**。

有小孩的人應該會想到，抱小嬰兒的時候，他的頭和腰（骶骨）會「默默」移動對吧？

那就是第一次呼吸的動作。

出現這個動作時，表示體液循環順暢運作。

跌倒使頭部受到重擊，或是屁股著地猛力撞到骶骨，就會阻礙這個動作的進行。

靠自己讓第一次呼吸恢復正常的方法，就是接下來要說明的「微動體操」和「深呼吸」（請參閱第一四五頁）。

使用骶骨就能簡單完成腦脊髓液的保養

專業治療師會活動顱骨來調整腦脊椎液，但那並不容易，因此我就不多加做說明。

但有一個經過改良，簡單就能做的方法，就是使用骶骨的**微動體操**。

透過這個方法，稍微固定骨盆、輕推雙腳，或是讓雙腳像雨刷一樣微微擺動就會刺激**骶骨**，獲得如同專業治療師進行治療的效果。

如前所述，第一次呼吸時，蝶枕軟骨聯合的屈曲、伸展會牽動枕骨和骶骨，所以使用骶骨也能獲得改善。

進行微動體操時，有兩個重點：

1. 務必按照順序。

2. 用不會壓碎豆腐般的力道輕輕使力。

若沒有確實施行這兩點，即使做了操，效果也會減半或是毫無效果，請在放鬆的狀態下進行。

那麼，我將依序說明「**微動體操**」的做法，請試著做做看。

①活動骶骨，促進腦脊髓液循環的「推推腳」

仰躺後全身放鬆，用手掌包覆髂骨，往恥骨的方向輕推（約一公分）。想成在摸小寶寶的臉頰，力道輕一點比較有效。

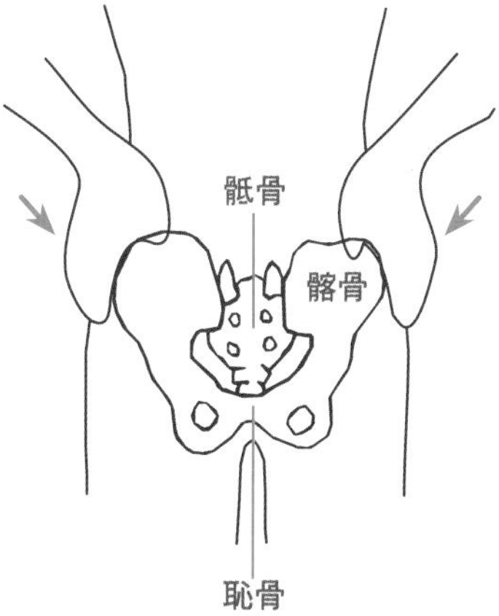

身體保持放鬆，左右的後腳跟交互輕推約兩公分。後腳跟放輕鬆，不必抬成九十度。**在覺得舒服的狀態下重複做五～十次。**

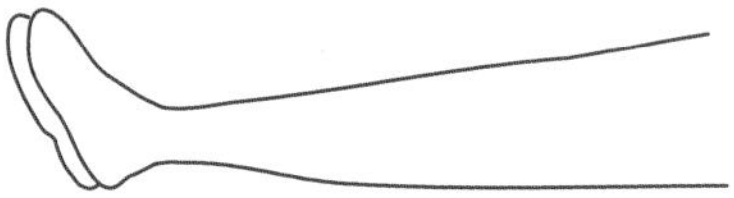

這個動作會讓腦脊髓液的循環變好。

循環變好後，對顱骨和第一頸椎會造成負擔，為消除負擔，請接著做下一個動作。

②消除頸部的淤滯，促進腦脊髓液循環的「推下巴」

用手掌魚際處（大拇指根部的隆起處）按住臼齒下方突出的下頷角，輕推下巴。

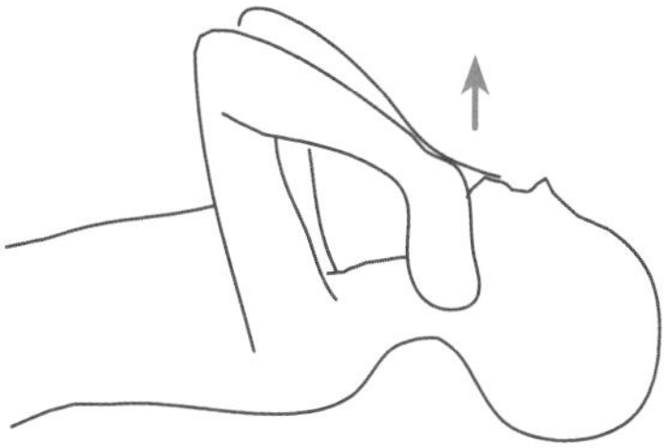

這個動作會消除顱骨和第一頸椎的負擔。

負擔消除後，再做一遍①的「推推腳」，引導腦脊髓液的循環。循環變好後，接著促進腦脊髓液的生產。

③活動骶骨，促進腦脊髓液生產的「雨刷運動」

和①一樣，用手掌輕輕包覆髂骨，像是捧著小嬰兒的臉頰般，千萬別用力。**雙腳同時朝左右緩慢擺動。**這個骶骨不動的雨刷運動不太好做，但動作太大會失去效果。各位請放心，只要輕輕擺動就很有效。

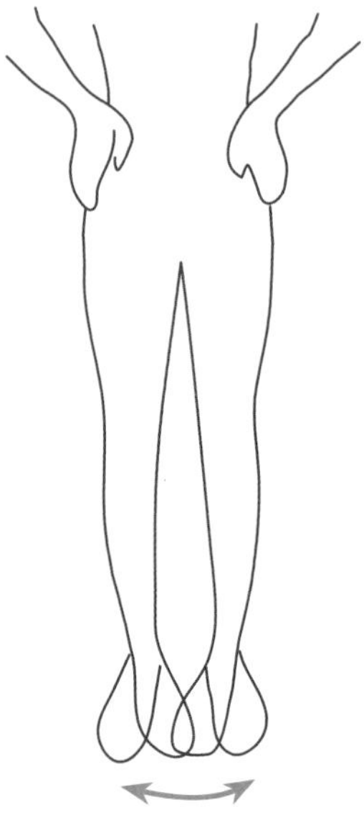

④讓生產的腦脊髓液流動即結束

最後再做一遍①的「推推腳」約五～十次，促進腦脊髓液的循環。**做完直接就寢，在腦脊髓液循環良好的狀態下可提高消除疲勞的效果。**

腦脊髓液順暢流動，淋巴液和血液的循環也會變正常

根據至今的經驗，我認為蝶枕軟骨聯合正常活動，促進腦脊髓液生產與循環的機制，其實也是送出淋巴液的機制。於是我假設，如同心臟以固定的節奏送出血液，透過蝶枕軟骨聯合固定的活動也會送出淋巴液。

但這只是我的假設，詳細情形只能交由之後的研究證實。不過，藉由治療確實可以改善體液循環，讓腦脊髓液順暢流動的機制會提升身體的自癒力，自主恢復健康。

蝶枕軟骨聯合正常活動，淋巴液會更順暢地流至身體末端，老廢物質的清除也會比以往順利，進而改善體內髒汙的淤積。這麼一來，就能充分供給細胞富含營養的血液。

這就像是「打掃水溝」。垃圾塞住的地方，沖再多水也不會變乾淨，先清理堵住管線的垃圾再沖水，排水管馬上就會變乾淨。身體也是如此，**想要有效改善身體，必須先讓淋巴液順暢流動，清除老廢物質。**

靜脈的幫浦（＝小腿肚）的保養

如前所述，進行讓淋巴液和腦脊髓液順暢流動的方法，身體自癒力自然就會提高。那麼，血液又是如何呢？

由心臟送出的血液，透過血管把養分和氧氣送往體內各處的微血管。過程中，血液成分的一部分會滲出血管外，為皮下組織的細胞補充養分，吸取老廢物質和二氧化碳後，進入血管流回心臟。這段過程大約六十秒。這個循環只要人活著，就會持續進行。

從心臟運送血液的血管是動脈，回流至心臟的血管是靜脈。

動脈把心臟當作幫浦使用，以固定的速度送出血液，血液會一同流往身體末端。

動脈不必自己出力，心臟這個幫浦就會幫忙把血液送往全身。

那麼，幫助靜脈血液流回心臟的幫浦是什麼呢？就是小腿肚的肌肉。

小腿肚的肌肉緊縮，就會壓迫到肌肉內回流至心臟的靜脈。大家可以想成為腳踏車的輪胎灌氣時，雙手上下按壓打氣筒的感覺。前文也有提到，站著的時候，靜脈的血液會由下往上回流，而靜脈內有防止逆流的瓣膜。

現代人的勞動量不大，必須藉由某些方法促進靜脈幫浦的運作，以維持平衡。

接下來為各位介紹三種按摩方法。

促進血液循環的三種腳部按摩

①按摩小腿肚

仔細按摩阿基里斯腱至膝窩這段肌肉。

不需要出太大力，請用覺得舒服的力道進行。一隻腳按摩約兩分鐘，可以趁工作的空檔做。

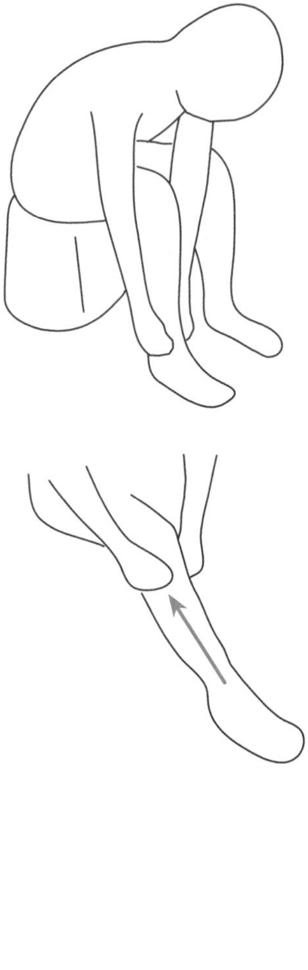

②推推腳底（＋轉動腳踝）

建議在洗完澡或睡前做這個動作，兩隻腳分開進行。**腳底朝向自己，如圖所示，分成兩邊。慢慢地往中間推，再慢慢地放開。**重複約三十次後，靜脈的血液循環就會獲得改善，腳會變暖。

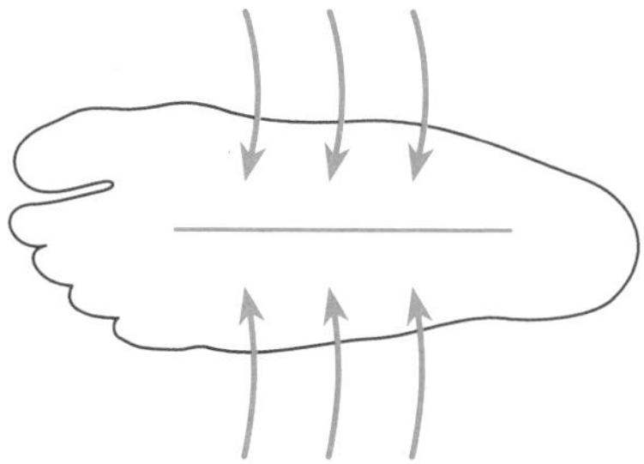

像是要把腳底對摺，
慢慢地往中間推，
再慢慢地放開。

③用按摩棒仔細按摩腳底的反射區

當腳底變得硬邦邦、發熱到想冰敷的程度，表示情況已經相當嚴重。這時候，請先購買市售的腳底按摩棒。

(1)先用按摩棒仔細按摩腎臟的反射區「腳心」，接著用按摩棒照著圖中箭頭方向朝內踝滾推。

(2)仔細按摩覺得難受或發熱的部位。

(3)重複進行(1)(2)步驟就能改善血液循環。

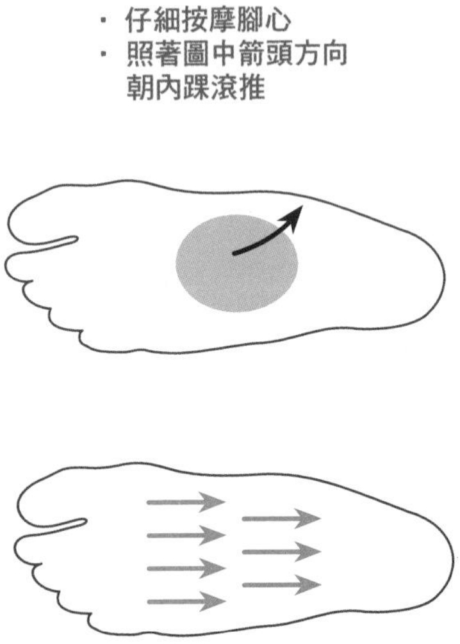

利用小腿肚的運動讓各種體液順暢流動

雖然知道「小腿肚是幫助靜脈血液流回心臟的幫浦」，但開會一坐就是兩小時，雙腳變得沉重水腫，想必多數人都有這樣的經驗。這是因為長時間保持相同姿勢，完全沒用到小腿肚所造成的狀態。

可是，我們總不能在辦公室裡突然站起來或到處走動……。

這時候，建議可以**動一動腳趾**。

小腿肚的肌肉中有一條腓腸肌與後腳跟相連，其他肌肉則是經過腳踝後側延伸至腳趾。

活動腳趾的訣竅是，動作大一點且慢慢地動。

【腳踝擺成外八＋吸氣四秒】⇕【腳踝擺成內八＋吐氣四秒】，重複這組動作三次就能使，體液循環就會變好，身體就會輕鬆舒暢。

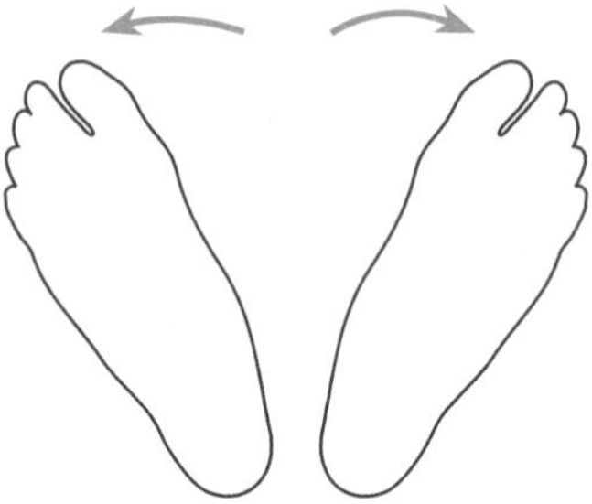

「吸氣 4 秒」

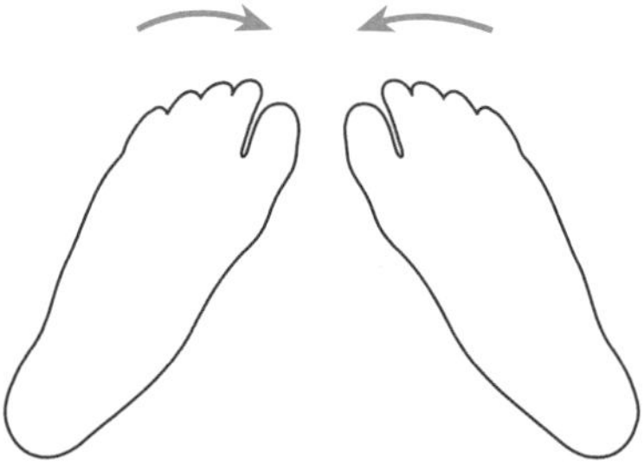

「吐氣 4 秒」

如果情況允許，可以搭配後文介紹的**「深呼吸」**（請參閱第一四四頁），效果會更好。請視情況進行。

不過，**最好的方法是走路**。

白天走五～十分鐘，就能幫助靜脈血液回流至心臟。

調整骨骼，找回淋巴液順暢流動的環境

因為工作的關係，我經常留意人們的姿勢，因而發現了一件事。

若從上方俯視坐在電腦前緊盯著螢幕工作的人，他們通常會把身體壓在左臀，身體微微向左轉。

也許是因為Enter鍵在右邊，或是多數人是右撇子。

開車握住方向盤時，也會發生相同情形。

有些人握住方向盤時不是直直向前，而是稍微偏向車子的中心線。也許是因為開自排車只會用到右腳所致。如圖所示，人們習慣將身體壓在左臀，身體微微向左轉。

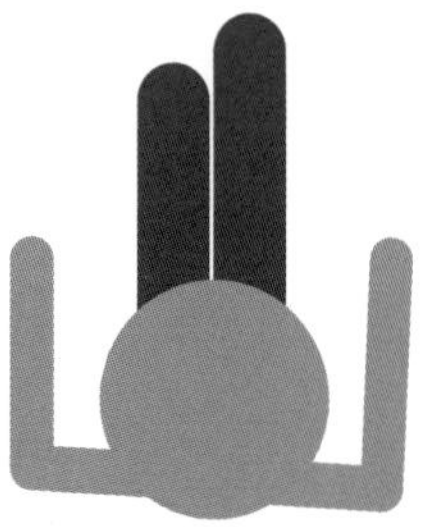

身體的重心放在左臀！

即使留意姿勢，還是會在不知不覺間發生這種情況。

假如生活中經常為了「輕鬆舒服」而側坐或蹺腳，應該會發現到身體的歪斜。照鏡子時發現肩膀一高一低、左右腳鞋跟磨損的程度不同、吃東西總是用單邊牙齒咀嚼等，各位是否驚覺自己有這些情況呢？

要讓淋巴液順暢流動，保持骨骼不歪斜很重要。

專注於工作而過度扭曲身體的時候，請記得將身體重心移往另一側，或是扭動身體減輕負擔。

「人類的注意力可維持五十分鐘」。

坐在電腦前工作或聚精會神地做某件事時，一小時若休息十分鐘，就能提高工作效率。

然後，趁休息時間，也就是每小時一次，檢查自己的姿勢，身體的歪斜就不會變成無法矯正的嚴重狀態。

改善體液循環體操，消除身體的歪斜

其實，**微動體操**（請參閱第一二七頁）除了可以消除導致腰痛的**骶髂關節**緊繃，也能改善骨盆的歪斜。

去整骨院時，常會聽到整骨師說「你有長短腳喔」。其實不是真的有長短腳，而是連接腿骨的骨盆傾斜所致。

做做微動體操，放鬆骼骨與骶骨連接處的骶骼關節，緊繃的情況就會消失，進而改善骨盆的歪斜或傾斜。

長時間以相同姿勢開車的人、在辦公室久坐不動的人、冬天總是窩在暖爐桌的人，請務必做做看微動體操。

橫隔膜的祕密

使用橫隔膜做深呼吸就能改善體液循環。

深呼吸時，橫隔膜會大幅度上下移動。

當橫隔膜往頭部的方向移動，吐出大量空氣，會促進腦脊髓液的循環。

反之，當橫隔膜往腳部的方向移動，則會促進腦脊髓液的生產。

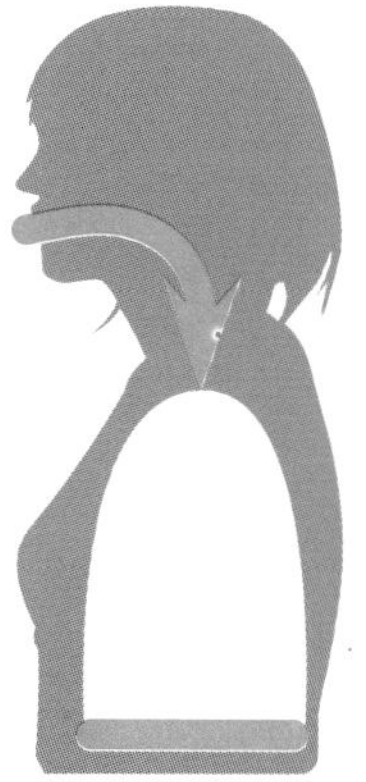

深深地用力吸氣＝
促進腦脊髓液的生產

深深地用力吐氣＝
促進腦脊髓液的循環

這也是我們在胎兒時期就已經開始的運動。

因此，做好深呼吸，體液循環就會變得非常順暢。

改善體液循環的深呼吸方法

另外，四肢（手腳）的轉動方向會依腦脊髓液的生產與循環而改變。

・生產腦脊髓液時，四肢是往外轉（轉向外側）。

・循環腦脊髓液時，四肢是往內轉（轉向內側）。

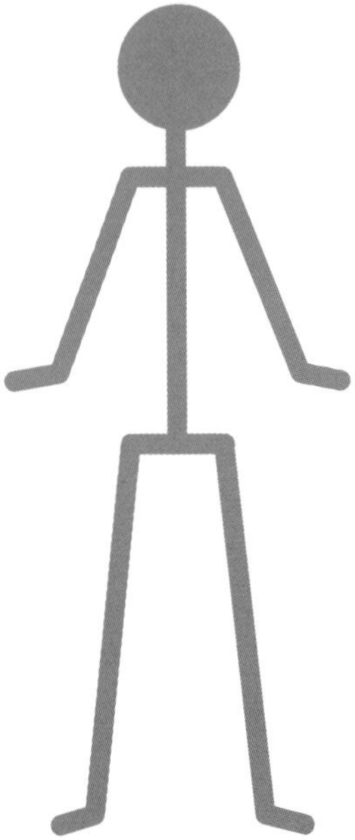

促進腦脊髓液生產的時候
‖
手腳轉向外側

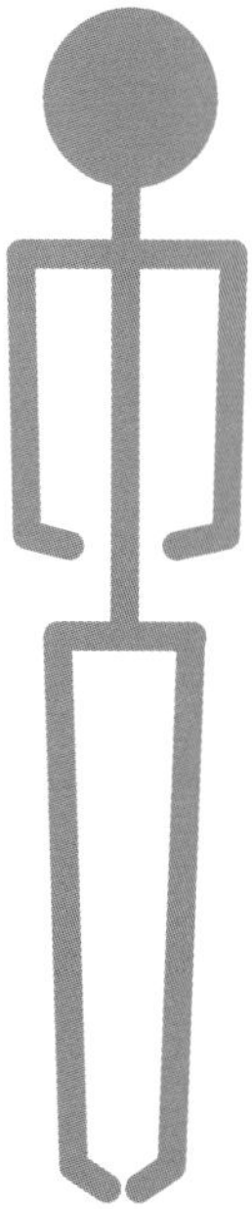

促進腦脊髓液循環的時候
||
手腳轉向內側

這組動作搭配前文的橫隔膜運動，對改善體液循環可望獲得莫大成效。

- 深呼吸時，深深地吸氣，四肢往外轉，有助於腦脊髓液的生產。
- 深呼吸時，深深地吐氣，四肢往內轉，有助於腦脊髓液的循環。

反覆進行緩慢的深呼吸，就能有意識地促進腦脊髓液的循環與生產。

①吸氣的時候，手腳轉向外側。
②吐氣的時候，手腳轉向內側。

雖然呼吸的深淺因人而異，**但吐氣的時間最好是吸氣時間的兩倍。**

(1) 吸氣　四秒
(2) 停頓　一秒
(3) 吐氣　八秒

重複三～五次。

舉例來說，搖晃裝了水的水桶，靠近手邊這側的水撞到另一側會停頓幾秒才回到原位。

腦脊髓液生產後也會停頓一下才流動，在「吸氣」和「吐氣」之間「停頓」一下對身體比較好。如果覺得做不來，吸氣後立刻吐氣也沒關係。

等到做習慣之後，請試著「停頓」一下，自然會知道那樣很舒服。

光是這麼做，體液循環就會變得非常順暢。

在辦公室久坐不動感到疲累的時候，記得做做這個深呼吸喔！

第 4 章

只要這麼做，體液循環會「更流暢」

體液循環變好，身體自然變健康

「我從以前就身體不好」，每次遇到這麼說的爺爺奶奶，我常會想「真的嗎？」「如果真的身體不好，早就不在世上了吧？」

就算總說著身體不好，只要好好使用它，到了八十歲，依然能夠活蹦亂跳。

我這麼說不是在挖苦諷刺。

我們是從何時開始覺得身體痠痛或疼痛呢？

根據我的經驗，多數患者剛開始搞壞身體的原因，通常是突然進行激烈運動，對身體造成負擔所致。

例如，參加童子軍開始打棒球或籃球、為了代表社團出賽而拚命練習，突然讓身體承受過重的負擔，就會引起身體的故障。

只要適度地運動、休息，在體力許可範圍內活動身體，就不會搞壞身體。

此外，在「突然開始激烈運動」的時期，許多人不小心受傷，但仗著年輕忍一下就過了。

然而，到了無法再硬拚的四十多歲，身體通常會慢慢出現問題。

而且，若持續非自願地勉強身體，像是：「身體一直都很好，為了照顧生病的父母，每天扶他們起床，不知不覺身體也變得怪怪的」「因為太忙了，沒時間保養身體」，最終就會搞壞身體。

生活中若能避免突然的劇烈變化或過度勉強身體，擁有適齡的健康狀態就並非難事。

如同開頭提到的爺爺奶奶，說著「自己身體不好」不勉強身體，保持自己的生活步調，即使年過八十依然能健康有活力。退休後過著愜意的生活，善待身體、注重養生的人不都很長壽嗎？

治療過許多患者後，我認為，**平時只要將身體的疲勞控制在自我修復力的範圍內，就能守住健康！**

無論情況再嚴重，若能引導至好轉的方向，不管年紀多大，身體確實會產生變化。重要的是，要了解自己的身體，在日常生活中將疲勞程度控制在自我修復力的範圍內。

身體是我們活下去的工具，照理說應該要常保健康的狀態。

身體會不自覺地啟動恢復健康的機制。所以不管接受怎樣的外力協助，例如按摩或整復、矯正、吃藥、打針，身體都能恢復健康就是最好的證明。

儘管治療師能夠給予協助，但治癒身體還是得靠自身的修復力。

我們也可以透過**提高自癒力、活絡體液循環的「微動體操」**讓身體變健康。

如前文所述，被稱為第一次呼吸的腦脊髓液循環變好，血液和淋巴液的循環也會變好，不必刻意做什麼，身體就能保持健康。

只要身體這個水球裡的水順暢流動，循環功能自然會正常運作。

讓身體「健康終老」的三個步驟

我們在做自己知道的事時很少會失敗。

通常是因為不知道才會失敗。

以身體為例，只要知道「維持健康的方法」就不容易失敗，不知道就隨意嘗試，運氣好就會成功。但對已經失敗的人來說，即使聽信恰巧成功的人說的方法，心想「原來是這樣啊！」而照做，有時根本沒用。

提到健康，「運動」「睡眠」和「飲食」三件事是最常被提及的，但最近就連「壓力」也成了大問題。

不過，基本上只要保持左頁列出的三種平衡，就算沒刻意做運動，也能讓身體進入熟睡、常保健康。

1、配合身體構造，正確使用身體（構造）
2、正確地為身體加油（循環、營養）
3、穩定駕馭（內心）

接下來為各位逐一說明。

1. 配合身體構造，正確使用身體（構造）

如同機器有使用說明書，身體也有使用說明書。使用身體時，要特別注意**肌肉放鬆時的姿勢**，錯了就必須立即導正。以前長輩常會罵人說：「坐沒坐相！」我也被祖母嚴格管教過，我記得她會用竹尺打我或戳我的背。不過，現在的人很少和長輩同住，也不太會被提醒姿勢不良。

年輕時即使勉強身體或感到疼痛，一般睡個覺就沒事了。那樣的經驗持續二十多年，身體就會習慣並記住「睡覺就會好」。於是，過了中高年，就算感到疼痛，仍然以為睡覺就會好。因此，突然被告知「身體的使用方法和姿勢很重要」，難免會忽略其的重要性。

接著，等到出現「膝蓋痛」「無法爬樓梯」「腰痛」「肩頸痠痛」「頭痛」這些症狀才來抱怨「為什麼會痛」。去照X光，聽醫生說「這是老化」就盲目相信，自我安慰「年紀大身體變差是正常的」。

為了避免這個慘況，關於身體的使用說明書，在我的另一本書《驚人坐推力！：改變坐姿3公分，贅肉消、身形正、肩頸腰不再痛！》中有詳細說明。**只要把身體調整回正確位置，使用身體時就能將負擔減至最輕，不造成損耗。**能夠正確使用身體的人，以及駝背、下巴突出的人明明做的是同一個動作，卻給人截然不同的印象，這就是疲勞程度有顯著的差異。

重點是，不要擠壓、扭轉身體這個水球，要在水量飽滿的狀態下使用。沒必要故意扭轉飽滿的水球，使其變形後灌水。在飽滿狀態下灌入大量的水，對身體並不會帶來任何好處。

2. 正確地為身體加油（循環、營養）

各位是否曾經禁不起誘惑吃了垃圾食物呢？那也是很正常的事，畢竟身體是從食物攝取養分，靠吃東西維持生命。

血液每三個月就會汰舊換新，骨骼則是十一個月。

血液紅色成分的紅血球壽命是三個月，所以每三個月就會全部換新。因此，常有人說血液換新的三個月內很適合瘦身或改善體質。有過瘦身經驗的人應該都知道這件事吧。骨骼也是一年就會全部換新。

或許有人不相信這樣的說法，以下請讓我介紹一個實例。

這是發生在我治療院開業第二年的事。

有位年過七十、罹患骨質疏鬆症的女性前來就診。她每個月固定來一次，一年後的某天，她這麼告訴我：「我的骨質疏鬆症好轉了。」

當時我的經驗尚淺，覺得好奇，於是仔細地向她請教了一番。

那位女性常對兒孫說：「一旦開始做某件事就不能輕易放棄喔，堅持到底很重要。」既然說了那樣的話，她也得言出必行，所以就算覺得麻煩，每週還是會去游一次泳。當然，她也有好好吃醫生開的藥。為了做日光浴，每天持續短距離的散步。飲食方面也很注重營養，盡可能多多攝取小魚乾和海藻。

就這樣經過一年後再檢查，發現她的骨質疏鬆症獲得了改善，恢復成適齡的健康狀態。

聽她那麼說後，我便確信骨骼一年就會換新。

各位在三個月內吃的食物，是讓你活下去的血液。

而**身體會用連續吃了十一個月的食物製造骨骼。**

現在吃下肚的東西不會立刻對身體產生危害，卻會影響三個月後、十一個月後的自己。

為了顧及健康、保持體液暢通，居家飲食要避免過度烹調，或使用過多調味料麻痺味覺。

不過，愉快享用美食是好事，外出和朋友聚餐時，想吃什麼就吃，這樣可以消除累積的壓力。

3. 穩定駕馭（內心）

也許各位是看了本書才知道，體液對身體是多麼重要。之前由於不知道又缺乏了解，自然不會去肯定體液的貢獻。也因為不曾留意，所以不懂得感謝。

假如看了這本書，肯定體液的存在，請對體液說聲「謝謝」吧！誠摯道謝，體液想必會非常開心。「好！我要更努力，繼續默默支持主人往後的人生。」相信它也會盡心盡力回報。

即使是外人，受到肯定好評，或是被稱讚道謝，也會想要為對方努力。更何況是得到主人的肯定、稱讚及感謝，體液應該會更賣力表現。

有一天，家母突然住院，我收到醫院來電說：「可能會有危險。」於是隨即搭上電車前往醫院。明明車速一如往常，我卻覺得抵達老家的一小時車程有如永遠般漫長。

不安夾雜擔憂，我害怕自己趕不上，各種思緒在心中浮現。

我這才驚覺，時間並未改變，是心境使我覺得時間變得漫長。

雖然當下無法測量自己的心跳，但我認為跳得很快。看著窗外變暗的天色，眼淚奪眶而出。心跳得這麼快，血流一定也很混亂，淋巴液的流動自然不會緩慢。不安、擔憂、焦躁、恐懼、憤怒、焦慮等情緒顯然是擾亂身體狀況的原因。

也許我的情況比較特殊，但日常生活中確實潛藏著程度較輕的負面情緒。

×工作的不安、不滿

×人際關係的不安、不滿

×經濟方面的不安、不滿、恐懼

若處於這樣的精神狀態，吃東西索然無味，身體狀況也不好。生活中，這些情緒起伏都會對身體造成影響。

〇對工作的期許

〇可信賴的人際關係

〇經濟穩定，無壓一身輕

若是這樣的狀態，人就會笑容滿面，對工作樂在其中。與人聊天也會聊得很起勁，吃東西覺得好吃，食慾相當旺盛。

即使是同一個人，環境不同，情緒就會產生變化。

請想像一下，眼前擺著你最愛吃的水果。

準備去見難應付的客戶之前，你會覺得水果好吃嗎？會想吃嗎？

假如是在會面順利結束，被上司稱讚之後呢？

心情想必會變得截然不同

正面的情緒會活絡身體，負面的情緒會剝奪身體的活力。

如果可以，別讓環境和情緒影響你，好好控制自己的情緒，學會如何盡快恢復平常心。

學會平常心看待的重點是，**記得「保持平常心」**，以及**客觀面對自我**。雖然不容易做到，但可以試著旁觀自己。剛開始做不到也沒關係，先讓自己產生那樣的意識就好。

人生在世會發生許多事。我們並不完美，有時會不小心傷害別人，或是因為他人無心的一句話而受傷。正因如此，人生驚險又有趣。只要懂得互相包容，就能活得輕鬆自在。

話雖如此，要是很容易做到就不會覺得辛苦。

這時候，有個好方法能夠幫助你恢復平常心。

那就是**深呼吸**（請參閱第一四四頁）。

呼吸是維持生命的活動。

因此，**請慢慢地深呼吸，想像著讓自己恢復平靜。**

先別煩惱做不做得到，**重點是增加那麼想的次數，當遇到緊要關頭，記得深呼吸，讓血液和淋巴液順暢流動不停滯。**

身體是由食物構成的

接下來，我想再說明「身體是由食物構成的」這件事。

生命體只要存在便是健全的姿態，偏偏人類總會插手破壞。

無論是動物或植物，活著就是在進行生命活動。因此，生物的存在已是完整的個體。

舉例來說，番茄是以作為番茄在進行生命活動，即使變形、長疙瘩或歪掉，仍是一顆完整的番茄。只有人類會擅自評論好不好吃、形狀漂不漂亮，活著的番茄已經具備所有存活的要素。

現代人追求美食，不斷在食物裡加入調味料和添加物。重視外觀和效率，對蔬果注射生長激素，讓雞和豬吃含有大量抗生素的飼料。

但我們應該要接受食物的自然原貌，好好正視飲食這件事。

添加物和調味料的使用，不是增加而是減少。**少用農藥及添加物，不要過度使用調味料的簡單飲食最理想。**

當蔬果存活於這世上，已是健全完整的個體。若能懷著感恩的心去享用，身體就會和大自然合為一體，變得更健康。

約莫五年前，我聽說慢磨機不會破壞蔬果的酵素，於是我開始喝蔬果汁。起初我沒感受到任何變化，但我突然想試試用不削皮的胡蘿蔔和蘋果（但要洗乾淨）榨蔬果汁。結果，我發現到身體變得充滿活力，體內能量大增。當下由衷感佩大自然的力量。

基於這項經驗，我認為，也許人類做了多餘的事，像是加熱烹調和削皮，所以感受不到大自然的恩澤。

外食的時候另當別論，但居家飲食還是盡量以接近自然的方式進食，這麼做才是善待身體。

希望各位多多攝取富含活水的新鮮蔬果。

促進吸收的咀嚼方式

吃東西細嚼慢嚥，除了能品嚐到食物的美味，也有其他效果。

- 促進消化液的分泌
- 提高口腔的自淨作用
- 幫助清醒或放鬆
- 活絡大腦
- 瘦身效果
- 瘦臉效果

雖然好處多多，也別高興得太早。

當「咬合」出現異常，努力咀嚼反而會對身體造成負面影響。

請用口香糖測試。

如果你習慣將身體壓在左臀，咀嚼口香糖時，口香糖就會移往右邊的臼齒。反之，若是習慣將身體壓在右臀，口香糖就會移往左邊的臼齒。

由此可知，**讓身體保持平衡，也就是以正確的姿勢進食是非常重要的事。**

坐著的時候，身體重心歪斜，左右不均等的壓力會在不知不覺間壓迫到顳顎關節，有時還會引發牙周病、磨耗症、顳顎關節症候群。

身體是由各部位合而為一。**只針對單側的異常刺激，經過一段時間就會波及全身各處。**為何我敢如此斷言？

因為至今，我協助過許多人改善咬合不正導致嘴張不開，甚至無法吃三明治的顳顎關節問題。

還記得以前，我妹妹為了「我吃不了飯糰，只能把飯糰壓扁再吃」來找我。她的嘴勉勉強強塞得進一根食指，她也搞不懂自己怎麼會嘴痛到張不開。

顳顎關節動不了、嘴巴張不開，通常是肩胛骨或腋下、頸部周圍的體液循環變差所致。肩胛骨是位於背部上方，垂掛雙臂的骨頭，被稱為天使的翅膀。

我為妹妹進行了讓體液恢復暢通的一般治療，那並非特殊的療法，只是針對肩頸痠痛的治療。結果，她的顳顎關節放鬆了，嘴巴能夠開閉自如。

既然治療後可以恢復正常，那就真的是顳顎關節的問題嗎？當然，有些人會這麼認為。不過，以往被我進行過治療的人都獲得了好轉，沒有復發也是不爭的事實。

像這樣透過改善體液循環治癒的症狀，如前所述，是在變形狀態下使用身體這個水球，然後讓某側的顳顎關節承受過多負擔所致。姿勢不良的人很多，也代表單側顳顎關節受到壓迫的人很多。近年來，越來越多人有顳顎關節的問題，我想原因就是「身體這個水球」歪掉了。

矯正姿勢，身體這個水球就不易歪斜。

而且，做做**微動體操**就能改善日常生活中的歪斜。若是**晚上做，可以消除白天扭曲的部位；起床時進行，則可以消除晚上扭曲的部位**。

再次提醒各位，**「身體是由各部分合而為一」**。

只針對單側的異常刺激，經過一段時間就會波及全身各處。

我不是刻意強調這件事，假如各位試過各種方法仍未改善顳顎關節的疼痛，請記得**用餐時，把身體的重心放在中央**，或許會產生變化，請務必試一試。

比按摩更有效的「捏提」

吊完單槓，手上會長水泡。

經常跪坐的人，腳踝會長出硬硬的厚繭。

身體有記憶功能，受到強烈壓力後，身體會鞏固自己，防禦日後的壓力。

於是手就會長出水泡，那若是全身，又會變得怎麼樣呢？

為了消除背部或肩膀肌肉的痠痛，就利用力道強勁的按摩來獲得舒緩。

但在那之後，身體會進入防禦狀態。「在下次強烈壓力出現前要趕緊做好準備」，然後身體為了保護自己就變得更僵硬。

結果，身體的主人覺得「奇怪？明明按摩了，背還是很不舒服……」，所以又去按摩。受到更強力的按摩後，短暫地獲得舒緩，可是身體又起了防禦反應，變得越來越僵硬。

這樣的情況若一再重複會發生什麼事呢？

原本只要十天按摩一次，後來變成七天一次，接著縮短成五天、三天、兩天一次……情況日益嚴重，最後變成每天或一天兩次才行。各位身邊是否有這樣的人呢？

變成這樣已經算是上癮症狀，這種過度依賴按摩的情況相當危險。儘管接受按摩的時候很舒服，但一旦結束就會想要加強力道。按摩成癮絕非好事。

既然用力按摩對身體不好，到底該怎麼做呢？

請試著想像一下，現在的身體不是用一個汽球，而是五、六個汽球層層重疊後，灌水做成的水球。

一直接受強烈刺激的背部變硬、肩頸痠痛變嚴重時，**與其按壓，「抓捏」**

的方式更容易分開層層重疊的水球。

有一個不必去按摩，靠家人幫忙就能改善的方法。

趴下後，請家人用手捏起塞滿手掌的背部肌肉，朝天花板的方向拉提。變硬的肌肉應該會讓你痛到想大叫。

以這樣的方式捏提背部數處，直到皮膚變紅為止。

皮膚變紅時，表示微血管正滲出血液。藉由捏提的動作讓微血管滲出的血液被再次吸收，老廢物質和疲勞物質也會被一併吸收。

這麼一來，至今像是黏在背上、未被吸收的老廢物質就會被慢慢吸收且消失。僵硬的背部就會日見起色，一天比一天輕鬆爽快。

「捏提」這組動作是直接刺激微血管，迫使身體重啟吸收功能的方法。

不過，**體內囤積較多老廢物質的人，施行時可能會非常疼痛。**但只要持續一週至十天，疼痛感就會不斷減輕，變得越來越舒服。

這個方法稱為**「結締組織按摩」***，據說是以前被舊蘇聯扣留的士兵想出來的按摩方法，他們在沒有暖氣的地方用這樣的方式按摩，取暖禦寒。

血液和淋巴液的循環變好，體溫也會上升，想和家人一起提高基礎代謝，這是很棒的方法。基礎代謝上升，消耗的熱量就增加，可達到瘦身效果。

不但能增加家人之間的親密互動、促進對話，還能變健康、幫助瘦身，真是一舉三得。

*編註：如果按摩方式、角度不對，可能造成血管受損，引起血栓等問題，建議由專業按摩師進行。

身體是為了「活動」而構成

各位應該有過因為感冒躺在床上昏睡的經驗吧。年輕時沒什麼感覺，但過了四十歲，只要躺三天，肌肉就會明顯衰退。

身體是靠骨骼保持外形，活動骨骼的是肌肉和韌帶。而體液會將營養帶給肌肉和韌帶，運走老廢物質。

我們的身體是為了使用肌肉生活而構成。幾十年來，久坐不動已成為常見的工作型態。然而，以前的人多是從事農漁業這類勞動身體的第一級產業維生。使用身體生活是理所當然的事。正因為理所當然，過去沒有人特別注意到這件事。

到了現代，久坐不動的人越來越多。**久坐不動會對身體造成異常的負擔。**

自覺「這樣下去不行」的人會開始嘗試各種方法，像是跑馬拉松或慢跑、去健身房運動。即使是聽取旁人的建議才那麼做，運動也是出自本能的行為，覺得「這樣下去不行！」的本能。

因此，運動是好事。

不過，有件事希望各位留意。

「斷斷續續的運動」對身體是莫大負擔！

常聽到有人說：

「雖然知道運動對身體好，但我就是無法持之以恆。」

「我加入了健身房，可是每週去一次好累喔。」

我總會想：「比起不運動，有想運動的想法已經很了不起」「加入健身房需要很大的決心，光是那麼做已經很棒了」。

下定決心去做平時不做的事，有那樣的勇氣已經很難得。即便如此，多數人都會自責「做不到的自己」。

請各位想一想，一般人不會每天說跑步就去跑步。假如跑步無法帶來快感，自然不會想跑步。

所以，**無法運動、無法每天跑步是很正常的事。**

追求快樂、遠離痛苦是人類的本能。痛苦的事本來就沒人想做。「〇〇之後身體狀況變很好，心情爽快！」如果沒有像這樣的正面附加價值，很少人會持續運動。

因此，無法持續運動是很正常的事。為了健康而開始做某項運動或活動身體的人，光是這樣已經很難得，值得稱讚。但是，做不到也很正常，請別感到自責。

要是想著「我很糟糕」「我做不到」，就絕對不可能做得到。

奧運選手就算辛苦也能撐下去，正是因為他們懷抱著站上領獎台最高位置的美好夢想。他們總是想像著那個時刻的到來。

高中棒球員忍受教練的嚴格訓練也是因為夢想著參加甲子園大賽，當中還有人想著成為職業選手。

但過度使用身體、即使辛苦仍持續承受負擔這件事，必須是有所回報才做得到。因此，許多人覺得運動對身體好而開始運動，卻無法持續下去也是很正常的事。

基本上，我認為不運動也沒關係。尤其是職業婦女，不必特別做運動。

職業婦女白天在外工作，下班到家還要處理家務、照顧孩子。除了睡覺，身體在其他時間都承受著負擔。因此，**女性在生活中只要花點時間留意身體狀況，稍微使用肌肉即可。**

例如：

- ○用抹布擦地。
- ○爬樓梯。
- ○以良好的姿勢使用腹肌。
- ○利用工作空檔，抓住椅背鍛鍊腹肌。
- ○在廚房做事時，踮起腳尖或單腳站立。
- ○邊看電視邊倒退走五分鐘。

只要給身體比平常多一點負擔，就會刺激身體。把活動身體這件事融入生活之中就能持之以恆。

那麼，男性又該怎麼做呢？

當職位升高，工作時間跟著增加，聚餐應酬也會變多，這樣一來，根本沒時間運動，同時，身體不但持續承受壓力而且還暴飲暴食，那後果可想而知。

這時候有幾個不錯的方法。

○進行輕斷食

這是指，一週內有一天不吃晚餐。

例如，想在週四晚上進行輕斷食，週四的午餐就吃粥或蕎麥麵等輕食。當天晚餐不吃，隔天早上喝米湯或粥，週五的午餐便可恢復正常飲食。一週內的哪一天進行都可以。據說只要持續每週一次的輕斷食，就可以獲得和長期斷食相同的效果。光是消除內臟疲勞，就會感受到變得更有活力。

○每週一次，外出走走

去公園散步或健行就能補足平時的運動不足，但要注意別讓心跳跳太快。

○每天上下班時，提早一站下車走路

只要沒有睡過頭，我認為這一點每個人想做就做得到。

○平時的飯量減少一成

如果是一碗飯就少吃一大匙，外出用餐時請減少二～三大匙。

已將運動融入生活之中的人，請維持現狀。

至於其他人，**在生活中花點時間活動身體就夠了**。不過**請記住，「別讓心跳跳得太快」喔！**

不讓骨骼歪斜的生活方式

說到「骨骼」，或許大家會想到課本裡的骨骼模型。

那麼，請各位想像一下，為了讓身體這個「水球」不會變形，必須靠骨骼的支撐。

來治療院接受治療後，身體好轉的患者問我：「以後骨頭不會再歪掉了吧？」我馬上回道：「當然會啊！」因為身體會變形除了意外事故或受傷，身體的「使用方法」錯誤也是原因。

建議各位可以在家中及辦公室的**目光所及之處寫上「姿勢」二字**。

看到字條時，就會想到要保持良好姿勢。一開始或許一下子就會恢復到原本的錯誤姿勢，但隨著察覺的次數增加，漸漸地就會主動去留意「姿勢」。

假如認真實行，只要三個月就可矯正成功，**但通常需要六個月才會發現自己的姿勢不良**。

沒發現＝沒留意＝因為沒留意，所以不會想改變。

因此，想改變的時候，請好好想一想，**【怎麼做能夠提升察覺力】**。

讓肌肉變成好幫手的方法

看到這個標題，也許大家會以為我要推薦做什麼運動，其實並沒有。

當然，可以運動的人請繼續做運動。不過，無法運動的人也有好方法。

據說，人類的老化是從腿和腰開始。

既然如此，**只要鍛鍊腰腿就能延緩老化**。

彎腰駝背的姿勢代表身體這個水球呈現變形的狀態。

如果能將骨骼或肌肉回復到正確的位置，水球就能保持完美的形狀。

我在另一本書《驚人坐推力！：改變坐姿3公分，贅肉消、身形正、肩頸腰不再痛！》也有提到，一般坐下時，通常會把身體壓在肛門的位置。其實，應該要**把身體壓在「大腿根部」，身體才會穩定**。

處於穩定的姿勢，腰或背部的肌肉與腹側的肌肉會互相抗衡。也就是說，身體是保持前後平衡的狀態。穩定的姿勢不只會用到背部的肌肉，也會適度用到腹肌，所以**提醒自己保持良好姿勢也等於是在鍛鍊腹肌**。除了腹部前後的肌肉，還能鍛鍊到腹側的腹橫肌、腹內斜肌和腹外斜肌，使身體更加穩定。

藉由這個方法均等地鍛鍊背肌與腹肌，肌肉就會成為保護內臟的好幫手。若再搭配本書介紹的**深呼吸**（請參閱第一四五頁），效果會更好。

只要內臟保持在原位，體液循環自然會正常運作，順暢地發揮功能。

第 5 章

讓身體不再淤積的保養

滿是錯誤的「健康」觀念

再次提醒各位：

「不痛」≠「健康」。

全身各處沒有歪斜，體液循環順暢這件事，若以水球做比喻，就是身體這個水球沒有變形，裡面的水流暢循環，這才是健康。

【×飲水過量會造成體溫下降、水分過多！】

讀到這裡，有些人或許會想「只要喝水就好」，然後大口灌水。

約莫三十年前，曾經流行過喝水瘦身法。當然，我也試了那個方法。只吃特定的食物、喝大量的水，起初沒什麼變化，六個月後就出現顯著的效果，我變得越來越瘦。可是，皮膚卻變得乾燥粗糙、膚色暗沉，而且月經也不來了。

究竟發生了什麼事？因為控制飲食、喝大量的冷水，身體變冷了，腎臟功能也下降了。當時我有在運動，卻因為一點小事造成肋骨骨折。自此之後，我恢復正常飲食，體重也跟著恢復，一年後月經終於恢復正常。

如果要喝水，最好喝常溫水。而且，不要大口猛喝，請一口一口慢慢喝，先把水含在嘴裡，使其變成接近體溫的熱度再吞下肚。這麼一來就不必擔心胃液被稀釋，胃也不會變冷。

少量多次才是理想的喝水方式。

此外，喝水喝到常跑廁所的程度，對腎臟會造成過度負擔。腎臟是身體的過濾裝置，過度進行過濾處理導致疲勞的狀態，即中醫所謂的腎虛。腎臟功能下降，即使沒被檢查出來，腎臟也已經陷入疲勞狀態。這麼一來，身體會出現有氣無力、失去耐性、腰痛等症狀。若腎臟功能下降無法進行過濾處理，身體反而會水腫。

另外，身體變冷會引起所有內臟的功能下降，造成低體溫，使新陳代謝變差，明明吃很少卻變胖。

臨時起意的運動對身體反而是極大負擔

持續定量的運動對身體是好事。

不過，因為運動不足就突然開始慢跑，但只跑了三天，加入健身房卻只去了三個月，去上有氧運動卻半途而廢……。

這樣的生活只會造成身體的負擔。

臨時起意做了會讓心跳急速上升的運動，對身體會造成極大的負擔。這樣會對心臟造成負擔，加速身體的老化。

突然做運動一定會讓心跳上升，變得氣喘噓噓、上氣不接下氣。氣喘噓噓的狀態下，身體需要大量氧氣，這時會不由自主地大口呼吸。於是，氧氣隨著血液被送往細胞消耗，此時也需要大量養分。細胞完成任務後，會留下大量的老廢物質和二氧化碳。

結果，增加的老廢物質和二氧化碳對體液循環造成更大的負擔。

另外，氧氣被消耗後會留下老廢物質——「活性氧」。活性氧會讓身體生鏽，加速老化。

最好不要讓身體承受不必要的負擔。別讓體內產生多餘垃圾，不要造成體液循環的負擔，才能提升人生的品質。

當然，我並不是鼓勵各位「反正不必運動……」就每天躺在家裡不動。身體本來就是為了使用而構成，必須有一定的運動或肌肉活動。重點是，**請做不會產生體內垃圾的運動。**

不會產生體內垃圾的運動是指，運動時還可以聊天的程度。覺得快要流汗的時候，差不多就該停止了。

好比健走，用能夠和人聊天的速度快走即可。

體力的好壞因人而異，比起各項數字，請留意身體的變化。

有固定運動習慣的人，每週兩次可維持現況，三次可促進健康。若無法持續這樣的頻率，不運動比較好。

與其運動，如前所述，在日常生活中花點時間使用身體，像是「用抹布擦地」「爬樓梯」「提早一站下車走路」等，持續做那些事對身體不會造成負擔，即使上了年紀也能繼續做下去，可以輕鬆維持健康的身體。

力道強烈的按摩會讓身體變得更僵硬

在為患者進行治療時，可以透過身體的彈性得知其健康狀態。

身體健康的人，身體「很柔軟」。

沒有肩頸痠痛的人，把手放到肩胛骨後，一下子就能抬往天花板的方向。

若腰部狀態良好，仰躺時把手放到腰下，也能輕鬆抬高腰部。

健康的身體很柔軟，就像一顆水球。

在我的治療院，每年大概會遇到一位背部硬如龜殼的患者。這類患者的整個背摸起來都硬邦邦，因為肩頸痠痛、背部難受、頭痛、難以起身，每天都想接受按摩。

當然，這些人仰躺時就算想把手放到背後也放不進去。

為何會變成這樣？如前所述，這是身體的自我防禦。身體呈現鞏固自己的作戰狀態。另一個原因是處於想動也動不了的環境——**也就是體液循環極差**。

我請有這種情況的患者做**微動體操**（請參閱第一二七頁），時時**深呼吸**（請參閱第一四五頁），以**捏提的方式**放鬆僵硬的部位，結果他們的情況就確實日見好轉了。

疼痛消失＝痊癒的危險錯覺

很多腰痛的人會說：「吃了止痛藥就不痛，已經治好了。」

但，那樣是「真正的」痊癒嗎？

我曾在高中的時候，因為練體操造成腰痛。當時立刻照了X光，吃了醫生開的藥後，效果立現。

因為不痛了，我又開始練習，結果腰痛變得更嚴重。那樣的情況重複了三次左右。

那時我才發現，「疼痛消失」不等於「痊癒」（這件事讓我對治療身體產生興趣，立志成為治療師）。

許多人都像高中時的我一樣，認為身體的疼痛只要吃藥就會好。疼痛消失就認為治好了，一般人都會這麼想。

各位不覺得這個邏輯很奇怪嗎？

「太好了，不覺得痛了」確實符合邏輯，止痛藥就是會消除疼痛感的藥。在這種情況下，即使症狀消失，還是沒有解決引起疼痛的原因。年輕時只要疼痛消失就能活動自如，稍微休息一下就會恢復，根本沒有察覺到那只是錯覺。

在沒有察覺的狀態下一再吃藥、勉強身體，等到藥物完全沒用後才開始焦慮「為什麼怎麼做都好不了？」這種情形通常會出現在四十歲左右。

所以，**請捨棄【不會痛＝健康】的錯誤觀念**。

當然，健康的身體不會有半點疼痛。

感到疼痛時，請在吃完藥後進行**提升身體自癒力的微動體操**（請參閱第一二七頁）和**深呼吸**（請參閱第一四五頁）。

後記

關於「三種體液」，各位覺得如何呢？

我在另一本書《驚人坐推力！：改變坐姿3公分，贅肉消、身形正、肩頸腰不再痛！》中介紹過的**「微動體操」**獲得廣大讀者的正面迴響。

- 多年來的頭痛好轉了
- 肩頸不痠痛了
- 原本怎麼治都治不好的腰痛好轉許多
- 眼睛變大了

・臉變小了，臉部線條變得緊實等等。

此外，也得到整復師和物理治療師的回饋。

・進行治療變得很順利
・患者容易出現變化
・開設矯姿訓練班，因為效果很好而大受好評
・治療者本身的腰痛完全消失了等等。

不過，「做『微動體操』究竟有何用意呢？」我在另一本書中並未提到這件事。

如本書所述，其實做**「微動體操」可以改善體液循環。**

因此，不少人藉由這樣解決了骨盆歪斜或扭曲的問題。
有些人的內臟重新正常運作，恢復食慾。
肌肉彈性增加，運動能力變得更好也是必然的效果。

「微動體操」搭配「深呼吸」可以提升效能。

明明父母給了我們健康的身體，卻在不知不覺間變得歪斜、扭曲，想想不是很奇怪嗎？

歸咎於「老化」這種無法反駁的理由，各位真的服氣嗎？

除非受傷或遭遇意外事故，通常人都是**自己搞壞身體，並且毫無自覺！**
因為大家普遍都不知道「體液」的重要性。

本書希望各位能夠意識到維持身體健康是有方法的。

此外，不只是現代人，我也想告訴三百年後、五百年後，甚至是一千年後的人，**「只要這麼做就能維持健康喔」**。

勞動工作減少已成為全球趨勢，取而代之的是靠腦力的工作。

即使腦力工作者增加，頭也不會因此變得越來越大，也就是說，一千年後，人類的體型不會有什麼變化。

我希望這本**身體的使用說明書**能夠成為對各位、各位周遭的人、各位的子孫有所幫助的良書。

那麼，各位準備好在生活中實行「微動體操」和「深呼吸」了嗎？

片平 悦子

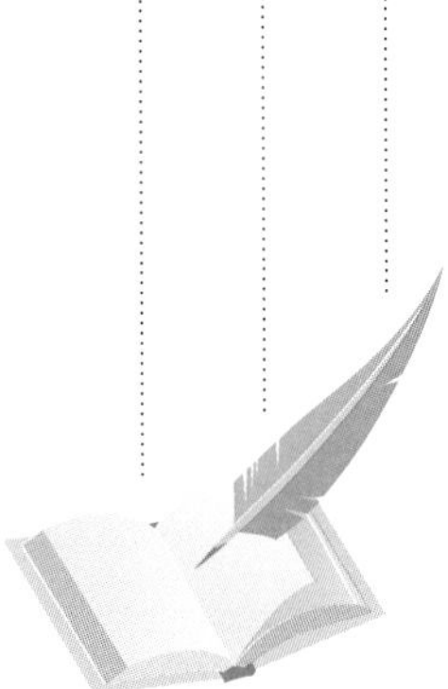

Note

Note

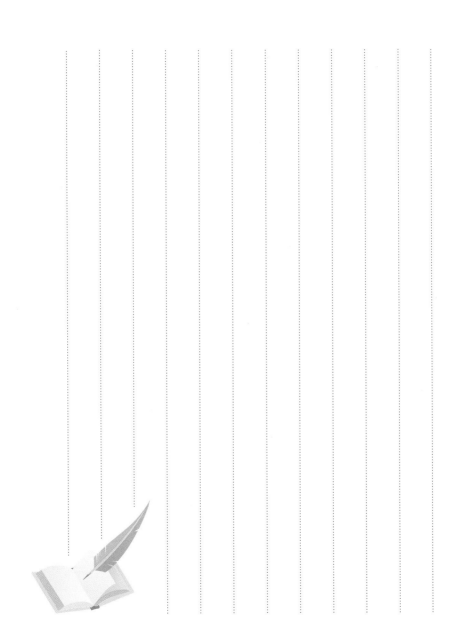

國家圖書館出版品預行編目(CIP)資料

讓體液流起來：促進脊髓液、淋巴液、血液循環,啟動自癒力,消除各種疼痛/片平悅子作；連雪雅譯. -- 初版. -- 新北市：世茂出版有限公司, 2022.03
面；　公分. --（生活健康；B497）
譯自：「3つの体液」を流せば健康になる!
ISBN 978-986-5408-79-4（平裝）

1.體液 2.體循環 3.健康法

398.3　　110021484

生活健康B497

讓體液流起來：促進脊髓液、淋巴液、血液循環，啟動自癒力，消除各種疼痛

作　　者／片平悅子
譯　　者／連雪雅
主　　編／楊鈺儀
責任編輯／陳怡君
封面設計／林芷伊
出 版 者／世茂出版有限公司
地　　址／(231)新北市新店區民生路19號5樓
電　　話／(02)2218-3277
傳　　真／(02)2218-3239（訂書專線）單次郵購總金額未滿500元（含），請加80元掛號費
劃撥帳號／19911841
戶　　名／世茂出版有限公司
世茂網站／www.coolbooks.com.tw
排版製版／辰皓國際出版製作有限公司
印　　刷／傳興彩色印刷有限公司
初版一刷／2022年3月
二刷／2023年3月
I S B N／978-986-5408-79-4
定　　價／330元

3TUNOTAIEKIWONAGASEBA KENKONINARU ! by Etsuko Katahira
Copyright © 2013 JIYU KOKUMINSHA CO., LTD.
All rights reserved.
Original Japanese edition published by JIYU KOKUMINSHA CO., LTD.

Traditional Chinese translation copyright © 2022 by Shy Man Publishing Co, animprint of shy Mau Publishing Group
This Traditional Chinese edition published by arrangement with JIYU KOKUMINSHA Co., LTD., Tokyo, through HonnoKizuna, Inc., Tokyo, and jia-xi books co., ltd.